水产营养需求与饲料配制技术丛书

淡水鱼类营养需求与饲料配制技术

张家国　主编

化学工业出版社

·北京·

随着淡水鱼类养殖在我国迅速发展，其营养需求及其饲料配制相关研究不断深入，不同淡水鱼类对于营养及配合饲料需求也有所差异。本书着重从我国主要养殖的淡水鱼类（鲤鱼、鲫鱼、草鱼、青鱼、鲂鱼、虹鳟等）的营养需求及饲料配制技术入手，详细介绍了主要淡水养殖鱼类的营养需求、配合饲料的原料、配合饲料的添加剂、配合饲料的配方实例、配合饲料的生产设备、配合饲料的加工工艺以及配合饲料的质量控制技术等内容。

本书理论与实践相结合，实用性、可操作性强，可供饲料厂技术人员、农村水产养殖户、水产技术推广人员使用，也可供有关水产科研人员和大专院校师生阅读参考。

图书在版编目（CIP）数据

淡水鱼类营养需求与饲料配制技术/张家国主编．北京：化学工业出版社，2016.9（2025.1 重印）
（水产营养需求与饲料配制技术丛书）
ISBN 978-7-122-27766-4

Ⅰ.①淡… Ⅱ.①张… Ⅲ.①淡水鱼类-鱼类养殖-动物营养②淡水鱼类-鱼类养殖-配合饲料 Ⅳ.①S965.1

中国版本图书馆 CIP 数据核字（2016）第 181628 号

责任编辑：曹家鸿　漆艳萍　　　装帧设计：韩　飞
责任校对：吴　静

出版发行：化学工业出版社
（北京市东城区青年湖南街 13 号　邮政编码 100011）
印　　装：北京盛通数码印刷有限公司
850mm×1168mm　1/32　印张 9　字数 214 千字
2025 年 1 月北京第 1 版第 10 次印刷

购书咨询：010-64518888
售后服务：010-64518899
网　　址：http://www.cip.com.cn
凡购买本书，如有缺损质量问题，本社销售中心负责调换。

定　　价：29.80 元

丛书编写委员会

本书编写人员名单

主　编　张家国

参　编　刘翠玲　周嗣泉

·FOREWORD· 前言

目前，我国水产养殖业进入了一个新的发展阶段，养殖种类不断增多，养殖规模日益扩大，集约化程度越来越高，发展水产养殖已经成为广大农民（渔民）发家致富的一条重要途径。我国水产动物营养需求与饲料配制技术研究虽然取得了一定成绩，积累了一些成功经验，但与发达国家和实际需要相比还有一定差距。因此，迫切需要进一步加强有关领域的研究，也迫切需要编写一套有关水产动物营养需求与配合饲料配制技术的丛书，以指导科学研究与实际生产的发展，推动水产动物营养和饲料科学的进步。为此，我们编写了“水产营养需求与饲料配制技术丛书”，该套丛书由《淡水鱼类营养需求与饲料配制技术》（张家国主编）、《龟鳖营养需求与饲料配制技术》（周嗣泉主编）、《观赏鱼营养需求与饲料配制技术》（冷向军主编）、《经济蛙类营养需求与饲料配制技术》（聂国兴主编）、《淡水虾类营养需求与饲料配制技术》（潘茜主编）、《对虾营养需求与饲料配制技术》（敬中华主编）、《河蟹营养需求与饲料配制技术》（刘立鹤主编）、《黄鳝泥鳅营养需求与饲料配制技术》（余登航主编）、《冷水鱼类营养需求与饲料配制技术》（徐奇友主编）共九本书组成。

《淡水鱼类营养需求与饲料配制技术》一书从淡水鱼营养需求与配合饲料的基础知识入门，比较系统地介绍了各种淡水鱼类分类、形态特征与习性、对各种物质的营养需求、配合饲料原料的种类和营养成分、饲料添加剂、配合饲料配方设计原理及方法、部分淡水养殖鱼类的饲料配方，以及配合饲料的配制技术、质量控制与营养价值评定等内容。针对当前我国蛋白质饲料原料紧缺的状况，比较详细地介绍了几种活饵料的培养方法，以解决动物蛋白饲料不足的情况；针对当前饲料原料市场比较混乱的局面，又介绍了鱼粉、饲料酵母的真假辨别方法。本书力求通俗易懂、科学实用，可供从事淡水养殖事业的广大养殖户、科技人员、饲料公司技术人员以及高等院校学生参考。本书共分七章，其中绪论、淡水鱼类配合饲料原料、淡水鱼类配合饲料添加剂、我国主要淡水养殖鱼类的生物学特征、淡水鱼类配合饲料配方以及淡水鱼类配合饲料的生产设备与配制技术由张家国编写，主要养殖淡水鱼类的营养需求与淡水鱼类配合饲料的质量管理与评价由刘翠玲、周嗣泉编写，最后由张家国统一修改定稿。

鉴于时间仓促，笔者水平有限，书中如有不妥之处，敬请广大读者指正。

编者

· CONTENTS ·

目录

绪论

一、配合饲料的概念 …… 2
二、淡水鱼类配合饲料的种类 …… 3
三、淡水鱼类配合饲料的应用实例 …… 9

第一章 淡水鱼类配合饲料原料

第一节 饲料原料的分类 …… 14
第二节 蛋白质饲料 …… 15
一、植物性蛋白饲料 …… 15
二、动物性蛋白饲料 …… 22
三、单细胞蛋白饲料 …… 28
第三节 能量饲料 …… 30
一、谷实类 …… 31
二、糠麸类 …… 32
三、薯类 …… 32
四、饲用油脂 …… 33
第四节 粗饲料、青绿饲料 …… 39
一、粗饲料 …… 39

二、青绿饲料 …… 40
第五节 饲料源的开发 …… 40
一、水蚤 …… 40
二、丝蚯蚓 …… 42
三、蚯蚓 …… 43
四、黄粉虫 …… 46
五、福寿螺 …… 50

第二章 淡水鱼类配合饲料添加剂

第一节 概述 …… 53
一、饲料添加剂 …… 53
二、添加剂预混合饲料 …… 54
三、饲料添加剂的分类 …… 54
四、饲料添加剂的作用 …… 55
第二节 营养性添加剂 …… 61
一、氨基酸 …… 61
二、维生素 …… 63
三、矿物质 …… 74
第三节 非营养性添加剂 …… 83
一、促生长剂 …… 83
二、防霉剂 …… 84
三、抗菌剂 …… 85
四、抗氧化剂 …… 86
五、促消化剂(酶制剂) …… 86
六、微生态制剂 …… 87
七、诱食剂 …… 90
八、着色剂 …… 93
九、黏合剂 …… 94
十、其他添加剂 …… 95
第四节 饲料添加剂的使用方法 …… 95

一、添加剂的选购 …… 95
二、饲料添加剂的储藏与保管 …… 96
三、饲料添加剂的使用方法 …… 103

第三章 我国主要淡水养殖鱼类的生物学特征

第一节 鲤鱼的生物学特征 …… 106
一、鲤鱼的分类与形态特征 …… 106
二、鲤鱼的品种 …… 106
三、鲤鱼的习性 …… 114
第二节 青鱼的生物学特征 …… 115
一、青鱼的分类与形态特征 …… 115
二、青鱼的习性 …… 116
第三节 草鱼的生物学特征 …… 118
一、草鱼的分类与形态特征 …… 118
二、草鱼的习性 …… 118
第四节 鲢鱼的生物学特征 …… 120
一、鲢鱼的分类与形态特征 …… 120
二、鲢鱼的习性 …… 121
第五节 鳙鱼的生物学特征 …… 122
一、鳙鱼的分类与形态特征 …… 122
二、鳙鱼的习性 …… 123
第六节 鲫鱼的生物学特征 …… 124
一、鲫鱼的分类与形态特征 …… 124
二、鲫鱼的品种 …… 125
三、鲫鱼的习性 …… 132
第七节 罗非鱼的生物学特征 …… 133
一、罗非鱼的分类与形态特征 …… 133
二、罗非鱼的品种 …… 134
三、罗非鱼的习性 …… 138
第八节 团头鲂的生物学特征 …… 140

一、团头鲂的分类与形态特征 …… 140
二、团头鲂的习性 …… 140
第九节　虹鳟的生物学特征 …… 142
一、虹鳟的分类与形态特征 …… 142
二、虹鳟的习性 …… 142
第十节　黄颡鱼的生物学特征 …… 144
一、黄颡鱼的分类与形态特征 …… 144
二、黄颡鱼的种类 …… 145
三、黄颡鱼的习性 …… 146

第四章　主要养殖淡水鱼类的营养需求

第一节　淡水鱼类对蛋白质和氨基酸的营养需求 …… 149
一、鲤鱼对蛋白质和氨基酸的需求 …… 151
二、鲫鱼对蛋白质和氨基酸的营养需求 …… 153
三、草鱼对蛋白质和氨基酸的营养需求 …… 154
四、青鱼对蛋白质和氨基酸的营养需求 …… 156
五、罗非鱼对蛋白质和氨基酸的营养需求 …… 157
六、团头鲂对蛋白质和氨基酸的营养需求 …… 159
七、虹鳟对蛋白质和氨基酸的营养需求 …… 160
第二节　淡水鱼类对脂肪和必需脂肪酸的营养需求 …… 161
一、鲤鱼对脂肪和必需脂肪酸的营养需求 …… 163
二、鲫鱼对脂肪和必需脂肪酸的营养需求 …… 164
三、草鱼对脂肪和必需脂肪酸的营养需求 …… 164
四、青鱼对脂肪和必需脂肪酸的营养需求 …… 165
五、罗非鱼对脂肪和必需脂肪酸的营养需求 …… 165
六、团头鲂对脂肪和必需脂肪酸的营养需求 …… 166
七、虹鳟对脂肪和必需脂肪酸的营养需求 …… 167
第三节　淡水鱼类对碳水化合物（糖类）的营养需求 …… 168
一、鲤鱼对碳水化合物的营养需求 …… 169
二、鲫鱼对碳水化合物的营养需求 …… 169

三、草鱼对碳水化合物的营养需求 …… 169
四、青鱼对碳水化合物的营养需求 …… 170
五、罗非鱼对碳水化合物的营养需求 …… 170
六、团头鲂对碳水化合物的营养需求 …… 171
七、虹鳟对碳水化合物的营养需求 …… 171
第四节 淡水鱼类对维生素的营养需求 …… 171
一、鲤鱼对维生素的营养需求 …… 173
二、鲫鱼对维生素的营养需求 …… 174
三、草鱼对维生素的营养需求 …… 175
四、青鱼对维生素的营养需求 …… 176
五、罗非鱼对维生素的营养需求 …… 177
六、团头鲂对维生素的营养需求 …… 178
七、虹鳟对维生素的营养需求 …… 179
第五节 淡水鱼类对无机盐的营养需求 …… 180
一、鲤鱼对无机盐的营养需求 …… 181
二、鲫鱼对无机盐的营养需求 …… 181
三、草鱼对无机盐的营养需求 …… 182
四、青鱼对无机盐的营养需求 …… 183
五、罗非鱼对无机盐的营养需求 …… 183
六、团头鲂对无机盐的营养需求 …… 184
七、虹鳟对无机盐的营养需求 …… 185

第五章 淡水鱼类配合饲料配方

第一节 淡水鱼类配合饲料配方的设计 …… 188
一、配方设计的原则和依据 …… 188
二、配方设计的方法 …… 190
第二节 淡水鱼类的饲料配方实例 …… 196
一、鲤鱼饲料配方 …… 196
二、鲫鱼饲料配方 …… 196
三、草鱼饲料配方 …… 197

四、青鱼饲料配方 …… 198
五、罗非鱼饲料配方 …… 198
六、团头鲂饲料配方 …… 199
七、虹鳟饲料配方 …… 199
八、黄颡鱼饲料配方 …… 200
九、鳗鱼饲料配方 …… 201
十、斑点叉尾鮰 …… 202

第六章 淡水鱼类配合饲料的生产设备与配制技术

第一节 淡水鱼类配合饲料加工的主要设备 …… 204
一、清理筛与磁选机 …… 204
二、粉碎设备 …… 205
三、配料计量设备 …… 206
四、饲料混合设备 …… 208
五、制粒设备 …… 208
六、配套设备 …… 210
第二节 配合饲料配制的主要工序 …… 213
一、原料清理 …… 214
二、粉碎 …… 214
三、配料 …… 215
四、混合 …… 215
五、制粒 …… 216
六、冷却与干燥 …… 217
七、破碎 …… 218
八、筛分 …… 218
九、包装 …… 219
十、储藏 …… 220
第三节 淡水鱼类饲料的加工工艺 …… 221
一、硬颗粒饲料的加工工艺 …… 222
二、膨化饲料加工工艺 …… 226

第七章 淡水鱼类配合饲料的质量管理与评价

第一节 淡水鱼类配合饲料的质量管理 …… 231
一、淡水鱼类配合饲料的质量要求和饲料标准 …… 231
二、影响配合饲料质量的因素 …… 233
三、配合饲料产品的质量管理 …… 234
第二节 淡水鱼类配合饲料的储藏与保管 …… 236
一、储藏中影响饲料质量的主要因素 …… 236
二、饲料储藏和保管方法 …… 238
第三节 淡水鱼类配合饲料质量的评定方法 …… 240
一、化学分析评定法 …… 241
二、蛋白质营养价值评定法 …… 242
三、能量指标法 …… 243
四、饲养试验评定法 …… 244
五、生产性评定法 …… 245

附录一 饲料描述及常规成分

附录二 水生动物的氨基酸组成

附录三 常用饲料的饲料系数参考表

参考文献

绪论

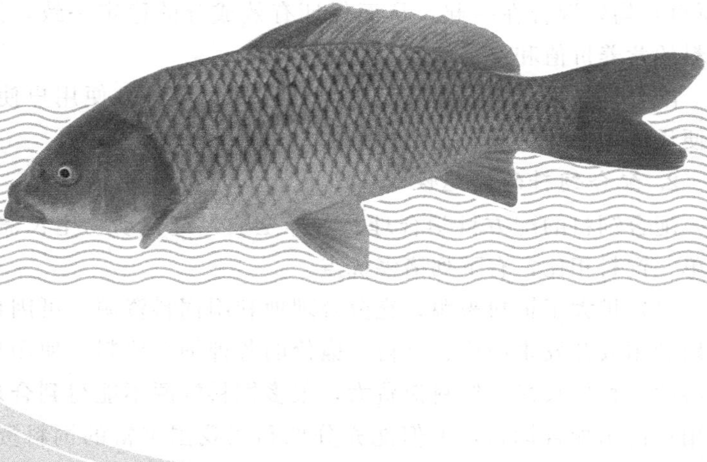

一、配合饲料的概念

1. 配合饲料的定义

淡水鱼类的配合饲料是指根据淡水鱼类的不同生理特点、不同生长阶段、不同生产用途的需求特点，以饲料营养价值评定的实验和研究为基础，按科学配方把多种不同营养成分与来源的饲料依一定比例均匀混合，并按规定的工艺流程生产的商品饲料。配合饲料的适口性好、营养价值高、质量有保证、使用简单，可最大限度地发挥动物生产能力，提高饲料报酬，降低饲养成本，使饲养者取得良好的经济效益。

配合饲料是根据科学试验并经过实践验证而设计和生产的，集中了动物营养和饲料科学的研究成果，并能把各种不同的组分（原料）均匀混合在一起，从而保证有效成分的稳定一致，提高饲料的营养价值和经济效益。

配合饲料可直接饲喂或经简单处理后饲喂，方便用户使用，方便运输和保存，减轻了用户劳力。

2. 配合饲料的优越性

配合饲料的配方科学合理、营养全面，符合动物生长需要，与单一饲料相比，有下列诸多优点。

（1）扩大了饲料来源，充分合理地利用饲料资源　可因地制宜地利用或开发来源广、易得、廉价的各种饲料原料。使用单一饲料的动物生长慢，饲料浪费大，很多饲料资源不能得到合理的利用；使用配合饲料，不但能充分地利用我国丰富的饲料资源，还能大幅度地促进水产业与相关行业的发展。

（2）节约饲料，降低生产成本，充分发挥饲料生产效能　配合饲料是根据各种淡水鱼类的营养需要设计出的科学合理的饲料配方，营养全面，各种原料之间的营养物质可以互相补充，提高饲料的营养价值，可避免由于饲料单一、营养物质不平衡而造成的饲料浪费，从而大大提高了淡水鱼类的生长速度，缩短养殖周期，提高产量及经济收入。

(3) 配合饲料生产工业化 可减少饲料消耗和劳力投入，可全年均衡供应，消除了传统饲料生产的季节性，有利于动物的均衡生产，促进水产养殖业的发展。

(4) 配合饲料生产标准化 配合饲料的生产需要根据有关标准、饲料法规和饲料管理条例进行，有利于保证质量，并有利于人类和动物的健康，有利于环境保护和维护生态平衡。

(5) 使用方便，安全可靠 便于储藏、运输、投喂、节省劳动力，有利于集约化养殖的发展。

(6) 配合饲料有各种添加剂，能强化其营养价值，起到预防疾病，促进生长，改善水产品品质的良好作用 其生产过程中机械的搅拌和混合，能把其中百万分之几的微量成分均匀混合，保证每个动物都获得充足养分。

二、淡水鱼类配合饲料的种类

配合饲料可以营养成分、饲喂对象、饲料的料型等为依据进行分类。

1. 按饲料中营养成分分类

(1) 全价配合饲料 全价配合饲料又称完全饲料，饲料中所含的营养成分能满足淡水鱼类的生长、繁殖需要，其可直接饲喂动物，无需再添加其他单体饲料。它是由蛋白饲料、能量饲料、矿物质、复合维生素等物质按一定比例混合而成。当然，全价是相对而言，配合饲料中所含养分及其之间比例越符合动物营养需要，越能最大限度地发挥动物生产潜力，提高经济效益，这种配合饲料的全价性越好。目前，工厂集约化养殖过程中大多采用全价饲料直接投喂。

(2) 浓缩饲料 浓缩饲料又称蛋白质补充饲料或平衡用饲

料，是由蛋白质饲料（鱼粉、饼粕类等）、矿物质饲料及添加剂预混料按配方配制而成的配合饲料半成品，主要用于或平衡饲料中的蛋白质、钙、磷、维生素、微量元素等成分的不足。这种饲料再掺入一定比例的能量饲料就成为满足动物营养需要的全价饲料。浓缩饲料的粗蛋白含量高，一般在30%～50%，营养成分比较全面，除蛋白质外，还含有维生素、微量元素等营养物质添加剂和抗生素、促生长剂、防霉剂等非营养性添加剂。浓缩饲料在全价配合饲料中的比例一般为20%～40%。浓缩饲料的单独加工比较方便，混合均匀度比较高。所以，采用浓缩饲料，可减少能量饲料的往返运输费用，弥补用户的蛋白质饲料短缺，使用方便。

（3）添加剂预混饲料　添加剂预混饲料指用一种或多种微量的添加剂原料［包括营养性添加剂（如氨基酸、矿物质、维生素等）和非营养物质添加剂（如抗生素、抗氧化剂等）］，与载体及稀释剂一起混合均匀的混合物，是配合饲料的半成品，能使微量的原料均匀分散在大量的配合饲料中，可供饲料厂生产全价配合饲料或蛋白质补充饲料使用，但不能直接饲喂动物。其生产工艺比一般配合饲料生产工艺要求更加精细和严格，产品配比要准确，搅拌均匀，多在专门的预混料工厂生产。添加剂预混料用量很广（添加量一般为0.5%～3%），但作用很大，可起到防治疾病、保护饲料品质、改善动物产品质量的效果。

（4）混合饲料　混合饲料又称初级配合饲料，由几种单一饲料经简单的加工粉碎、混合在一起组成，其配比只考虑能量、粗蛋白等几项主要营养指标，是向全价配合饲料过渡的一种饲料类型，混合饲料营养不完善、质量较差，但比单一饲料有很大的改进。

（5）超浓缩饲料　超浓缩饲料又称精料，是介于浓缩饲料与添加剂预混料之间的一种饲料类型，其基本成分为添加剂预混料，又有一些高蛋白饲料及具有特殊功能的成分作为补充和稀释。超浓缩饲料属于配合饲料中的高科技产品。

2. 按水产动物的种类分类

鱼、鳖、虾、蟹等水产动物，由于其消化生理、年龄、生长阶段、不同生理时期及生产用途的不同，其配合饲料又可具体分为各种动物或各种阶段的配合饲料。

(1) 鱼用配合饲料　有鲤鱼、草鱼、青鱼、鲫鱼、罗非鱼、鲂鱼、鳗鱼、虹鳟、黄颡鱼、泥鳅、斑点叉尾鮰等各种鱼类的专用配合饲料；根据其生长阶段不同，又可分为开口料、鱼种料、成鱼料、亲鱼料等。

(2) 虾用配合饲料　包括海水虾（如中国对虾、日本对虾、斑节对虾、南美白对虾等）和淡水虾（罗氏沼虾、青虾等）的配合饲料，可分为虾苗料（溞状幼体至仔虾）、幼虾料（体长 1～3 厘米）、中虾料（体长 3～6 厘米）、成虾料（体长 6 厘米以上）、亲虾料（种虾）。

(3) 蟹用配合饲料　包括海水蟹（如梭子蟹、青蟹等）、淡水蟹（如河蟹）的配合饲料，可分为蟹苗开口饲料、仔蟹饲料、幼蟹饲料及成蟹饲料等。

(4) 鳖用配合饲料　可分为稚鳖饲料、幼鳖饲料、成鳖饲料和亲鳖饲料等。

(5) 龟类配合饲料　可分为稚龟饲料、幼龟饲料、成龟饲料和亲龟饲料等。

(6) 鳗鱼配合饲料　可分为白仔鳗饲料、黑仔鳗饲料、幼鳗饲料和成鳗饲料。

(7) 其他特种水产动物配合饲料　包括黄鳝饲料、泥鳅饲料、黄颡鱼饲料、牛蛙饲料、美国青蛙饲料、娃娃鱼（大鲵）饲料、鲍鱼饲料、海参饲料等。

3. 按配合饲料的料型分类

按配合饲料的形状分类有多种形式，使用时可根据水产动物种类及生产方式的不同来选择合适的类型。

（1）粉状饲料　粉料是将粉碎达到一定粒度的粉状原料根据饲养的要求按一定比例混匀而成，一般需加入添加剂预混料。其制造工艺简单，耗电少，动物采食均匀，不易腐烂变质，但饲料浪费较大。鱼用饲料的粉碎粒度一般要达到微粉碎的程度，某些微量元素要求达到超微粉碎。研究表明，饼粕类原料粉碎粒度达不到 40 目时，会使鱼类消化吸收率下降，达不到 60 目时，虾类的消化吸收率大为下降，鳗鱼饲料粉碎粒度要求 80 目以上。粉状饲料可直接撒入水中，饲喂鱼苗、鱼种，鳗鱼在投喂时需加入一定比例的水，充分搅拌形成具有较强黏结性和弹性的团状饲料。

（2）颗粒饲料　为避免动物挑食，减少粉状饲料在运输、投喂时的浪费，缩小饲料体积，便于保管，多将粉状饲料加蒸汽软化压制成颗粒饲料，颗粒饲料呈短棒状，结构结实，粒度均匀，且制粒过程中有一定的杀菌作用，有利于储藏和运输，减少霉变。由于其加工方法和物理性质不同，可将其分为软颗粒饲料、硬颗粒饲料和膨化颗粒饲料三种。

① 软颗粒饲料　软颗粒饲料是将粉状混合料加入水和黏合剂后，通过软颗粒饲料机挤压成型的沉性饲料（图 0-1）。软颗粒饲料的含水率在 25%～30%，在水中粉化得快，营养物质散失也快，一般是现用现制，适合投喂鳗鱼、黄鳝、龟鳖等。

② 硬颗粒饲料　该种饲料含水率在 13%以下，从原料的粉碎、搅拌、混合、制粒成型直至冷却都是连续的，一般采用环模或平模制粒机生产，属于沉性颗粒饲料（图 0-2）。目前我国使用的颗粒饲料绝大多数是硬颗粒饲料。在当今世界上，硬颗粒饲料在饲料行业中也占主要地位。适合投喂大部

图 0-1　软颗粒饲料（引自 http：//image. baidu. com/）

图 0-2　硬颗粒饲料（引自 http：//image. baidu. com/）

分鱼、虾、蟹类。

③ 膨化颗粒饲料　膨化颗粒饲料亦称漂浮饲料，是专门用于特殊水产动物的一种料型，是由膨化颗粒饲料机在高温、高压条件下，将粉状饲料加水蒸发后通过高压喷嘴压制干燥而成（图 0-3）。膨化颗粒饲料含较多空气，可漂浮于水面一段时间待吸水后慢慢下沉。另外，由于饲料中的淀粉在膨化过程中发生胶

图 0-3 膨化颗粒饲料（引自 http：//image. baidu. com/）

质化，增加了饲料在水中的稳定性，减少了饲料在水中水溶性营养物质的损失，再加上膨化饲料漂浮于水面，便于观察，可根据鱼的摄食情况掌握投饵量。但在膨化颗粒饲料的加工过程中耗电量大，生产成本高，在高温情况下，某些营养物质的损失也较大。

现在研制出一种先沉后浮的漂浮饵料，对于降低残饵、防止水体污染及作为投饵数量的指示标志，均有很多好处。

（3）微粒饲料　目前我国水产养殖业发展很快，育苗技术日趋完善，影响育苗的关键因素是饵料问题。现用的饵料有以轮虫、卤虫为主的鲜活饵料和以豆浆、蛋黄为主的代用品两类，这些饵料或价格昂贵，不易获得；或营养成分不全，易污染水质，育苗效果差。这就使人工微粒饲料代替传统饲料成为水产养殖业的发展趋势。人工微粒饲料加工制造条件要求较高，颗粒大小一般在 10～1000 微米，是鱼苗、滤食性鱼类及虾、蟹、贝类幼苗的较为理想的饵料，具有营养成分完全、使用方便、价格适中、减少污染、防止病害等特点。实验证明，人工微粒饲料可全部或部分代替天然生物饲料。

目前，人工微粒饲料按其性状和制作方法的不同，可分为微胶囊饲料、微黏合饲料、微包膜饲料三种类型。微胶囊饲料是将溶液、胶体、膏状或固体的原料包裹在覆膜内，其内部饲料原料不含黏合剂，主要依靠覆膜维持成型并保持在水中的稳定性；微黏合饲料的各种原料由黏合剂黏合，饲料形状及在水中稳定性靠黏合剂维持；微包膜饲料是用被覆材料将饲料原料包裹起来，使其在水中呈稳定状态（图 0-4）。

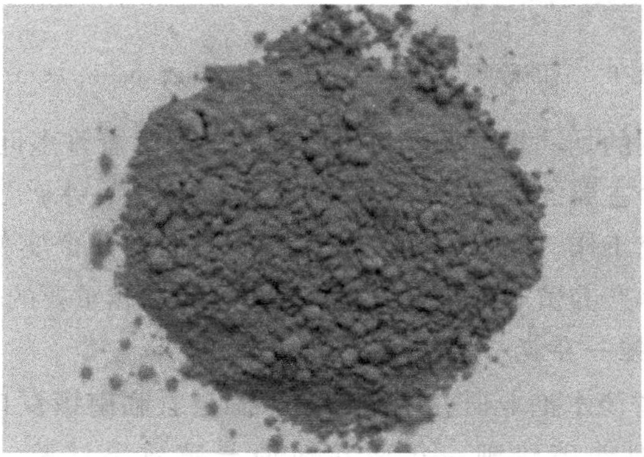

图 0-4 微粒饲料（引自 http：//image. baidu. com/）

（4）破碎饲料 将颗粒饲料破碎成 1～2 毫米大小，即为破碎饲料（图 0-5）。它具有颗粒饲料的优点，适用于喂乌仔到寸片阶段的鱼苗。

（5）片状饲料 片状饲料的形状像薄纸，是鲍鱼类所要求的饲料形状。原料以海藻为主体，加上一定黏合剂及其他动物蛋白饵料和添加剂预混料，以滚筒碾压干燥而成。

三、淡水鱼类配合饲料的应用实例

近年来，随着生产的发展和人们生活水平的提高，人们对水产品的需求量越来越大，养殖的种类不断增多，规模日益扩大。

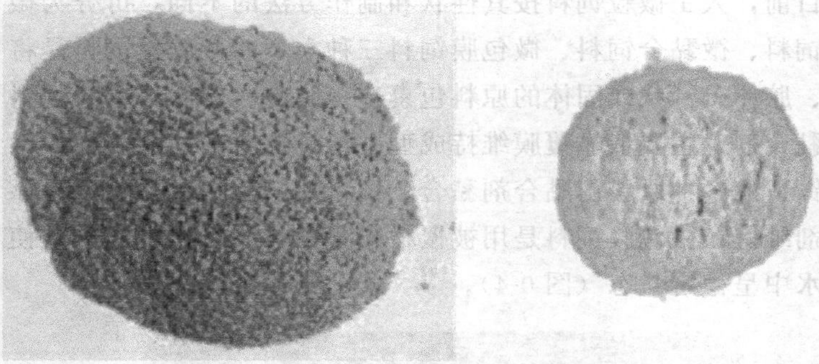

图 0-5　破碎饲料（引自 http：//image. baidu. com/）

但必须看到的是，我国水产养殖业的发展面临着许多问题，其中，饲料是一个主要的制约因素。为解决这个问题，水产工作者做了大量的研究工作，取得了较大的成效。下面的几个实例就说明了在当今的水产养殖业中，配合饲料发挥了越来越重要的作用。

1. 建鲤一年两茬养殖试验

山东省淡水渔业研究院在山东省临邑县临南镇夏口村进行了用配合饲料养殖建鲤一年两茬池塘养殖效果试验，结果为每 666.7 米^2 净产建鲤 2808.3 千克。第一茬放养时间为 3 月 15 日，每 666.7 米^2 放养平均规格为 400 克的建鲤鱼种 3063 尾，并套养 250 尾鲢鱼种，其规格为 100 克。经过 3 个月的饲养，建鲤每 666.7 米^2 净产达 1460.2 千克，平均规格为 921 克；鲢鱼净产 73.75 千克，平均规格为 400 克；饲料系数为 1.37。第二茬于 7 月 17 日开始，每 666.7 米^2 放养建鲤寸片（规格为 20 克）3500 尾，并套养规格为 4 克的鲢鱼种 1000 尾，于 10 月 25 日出塘，建鲤净产达 1348.1 千克，平均规格为 459 克，饲料系数为 1.62。总计养殖效益达 12338.4 元，投入产出比为 1∶1.51。

2. 用配合饲料网箱养鲤高产试验

张久国、张生宇等（1999）从 1997 年至 1998 年连续两年在辽宁省大伙房水库用配合饲料进行网箱养鲤高产试验，采用的配合饲料配方为国产鱼粉 18%、大豆粕 32%、菜籽粕 8%、麦麸 16%、玉米面 13%、酒糟蛋白 10%、复合酶 0.1%、多维素 1%、矿物盐 1%。饲料粗蛋白含量 30%～32%。1997 设置网箱 104 只，面积计 2600 米^2，放养规格 112 克/尾，每平方米放养量 22.3 千克，经过 170 天的养殖，养成规格 971 克/尾，合计产量 468421 千克，平均每平方米网箱产量达 180.20 千克，饲料系数 1.95；1998 年设置网箱 120 只，面积 3000 米^2，放养规格 110 克/尾，每平方米放养量 21.6 千克，养成规格 1017 克/尾，成活率 95%，合计产量 572174 千克，平均每平方米网箱产量达 190.70 千克，饲料系数 1.98，取得了显著的经济效益。

3. 标准化池塘主养鲤鱼高产试验

刘源泉（2010）于 2008 年 2 月至 2009 年 6 月底在福建省永安市大湖镇坑源村进行池塘主养鲤鱼试验，获得高产。

池塘面积 4.5 亩（1 亩≈667 米^2），为新开池塘，保水性好，水深 2～2.5 米，池底平坦，淤泥少，有独立的进排水系统。水源无污染，水质良好。配有 3 千瓦叶轮式增氧机 1 台，1 千瓦潜水泵 1 台，投饵机 1 台。鱼种放养：天津产鲤鱼种 20000 尾，规格 3～5 厘米/尾；本地产鲤鱼种 500 尾，规格 150 克/尾；鳙鱼 300 尾，规格 300～350 克/尾；鲢鱼 3000 尾，规格 250 克/尾；草鱼 300 尾，规格 250 克/尾；青鱼 50 尾，规格 500 克/尾；湘云鲫鱼夏花 3000 尾；放养时间为 2008 年 2 月 15 日～25 日。饲料选择：规格小于 100 克/尾，选择粗蛋白质含量大于 36%的饲料；规格 100～200 克/尾，选择粗蛋白含量大于 34%；规格在 200 克/尾以上，选择粗蛋白在 28%的饲料投喂，养殖周期约 400 天。试验结果：共捕获商品鱼 9551.5 千克，平均亩产 2122.5 千克，其中鲤鱼 9034 千克，规格 1～1.3 千克/尾，草鱼 456 千克，规格 1.5～2 千克/尾，青鱼 67.5 千克，规格 1.2～

1.5 千克/尾，鲫鱼 280 千克，规格为 0.3～0.5 千克/尾，白鲢 1128.5 千克，规格 0.6～0.8 千克/尾，鳙鱼 101.5 千克，规格 1.0～1.5 千克/尾；总收入 80286.6 元，其中鲤鱼 66851.6 元、草鱼 4560 元、青鱼 810 元、鲫鱼 2800 元、白鲢 4514 元、鳙鱼 751 元，总利润 8466.6 元，亩均利润 1881.5 元，投入产出比为 1∶1.2。

4. 用配合饲料养殖草鱼种试验

山东省淡水渔业研究院在 0.173 公顷池塘中，放养草鱼乌仔 1.9 万尾，并套养鲢鱼乌仔 0.7 万尾，试验期间只投喂草鱼用配合饲料，结果每 666.7 米^2 净产草鱼种 1009.6 千克，平均规格为 196 克，草鱼种的成活率为 70.5%；每 666.7 米^2 净产鲢鱼 148.2 千克。饲料系数为 1.36，平均每 666.7 米^2 纯效益达 8854.3 元。

5. 用膨化饲料养殖黄颡鱼试验

黄恒章（2007）报道，2006 年在福建省松溪县南门渔场进行了 5 亩池塘使用浮水性配合饲料养殖黄颡鱼试验。试验池塘面积 5 亩，水深 1.3 米，池底平坦，淤泥 10 厘米左右，进排水方便，水源为小溪水。4 月 16 日放养规格为 12.5～14.5 克/尾的黄颡鱼种 14500 尾，搭养花白鲢 1500 尾、草鱼种 500 尾。投喂商品黄颡鱼专用膨化饲料，投饵量占鱼体重的 1%～4%，按照"四定"原则投饵，每天投喂 2 次，上午、下午各 1 次，下午投喂量大于上午，经过 5 个多月的养殖，共计投喂配合饲料 1513 千克。试验结果：10 月 6 日干塘捕捞，共计捕获黄颡鱼 1379 千克，平均规格 102 克，成活率 93%，净产量 1193 千克，平均亩净产量 238.6 千克。收入 35854 元，去除各种开支 25785 元，纯收入达 10069 元，亩纯收入 2013.8 元。

第一章

淡水鱼类配合饲料原料

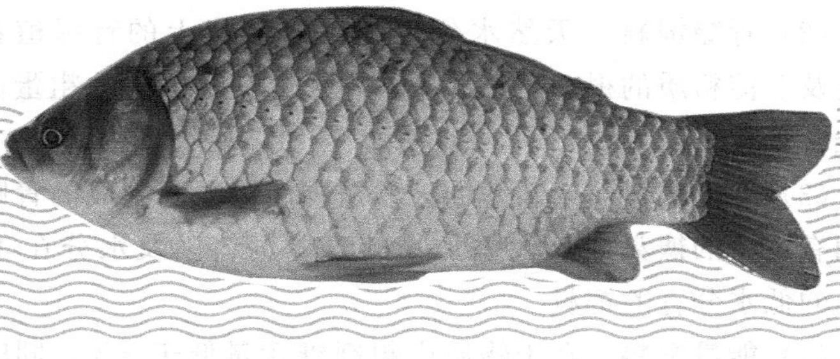

第一节

饲料原料的分类

根据国际饲料命名及分类原则，按照饲料特性可分为粗饲料、青绿饲料、青贮饲料、能量饲料、蛋白质饲料、矿物质饲料、维生素饲料和添加剂八大类。

（1）粗饲料　粗纤维含量占干物质18%以上的饲料，如秸秆、秕壳、干草等。一般是体积大、能值低、蛋白质含量少、营养价值低的饲料。

（2）青绿饲料　天然水分含量在60%以上的青绿植物、树叶类及非淀粉质的根茎、瓜果类，不考虑其折干后的粗蛋白和粗纤维含量。

（3）青贮饲料　用新鲜的天然植物性饲料调制成的青贮饲料及加有适量的糠麸或其他添加物的青贮饲料以及水分在45%～55%的低水分青贮饲料。

（4）能量饲料　在干物质中粗纤维含量低于8%，同时粗蛋白含量低于20%的饲料，如谷实类、麸皮、草籽树实类及淀粉质的根茎瓜果类和油脂类。

（5）蛋白质饲料　在干物质中粗纤维含量低于18%，同时粗蛋白质含量为20%及以上，利用能值较高，如豆类、饼粕类、动物性饲料等。

（6）矿物质饲料　包括工业合成的、天然的单一矿物质饲料，多种混合的矿物质饲料，以及加有载体的矿物盐添加剂。

（7）维生素饲料　指工业合成或提取的单一种维生素或复合

维生素，但不包括含某种维生素较多的天然饲料。

（8）添加剂 专指非营养性添加剂，不包括矿物元素、维生素、氨基酸等营养物质在内的所有添加剂，其作用不是为动物提供营养物质，而是起着帮助营养物质消化吸收、刺激动物生长、保护饲料品质、改善饲料利用和水产品质量作用的物质，如防腐剂、着色剂、抗氧化剂、生长促进剂等。

第二节

蛋白质饲料

一、植物性蛋白饲料

1. 豆科籽实类

豆科籽实的共同特点是蛋白质含量高（20%～40%）、蛋白质的品质较好［限制性氨基酸（如赖氨酸）含量高］，而糖类含量较谷实类低，其中大豆中糖类含量仅 28%左右。在脂肪含量方面，大豆含脂量达 19%，此外，豆科籽实类的维生素含量丰富（但胡萝卜素、维生素 D、维生素 B_1、维生素 B_2 含量较低），磷的含量也较高。

使用豆科籽实作为蛋白质饲料，要注意以下几点。

① 豆科籽实大都含有一些抗营养因子或毒素，如生大豆含有抗胰蛋白酶、血细胞凝集素、植酸等，鱼类采食大量生大豆后，表现为生长下降、甲状腺肿大，死亡率增加。破坏这些抗营养因子一般采用焙炒法。蚕豆、豌豆中也都含有一些对动物神经

系统有害的生物碱，加热处理可使其灭活。

② 由于豆科籽实赖氨酸含量丰富，而蛋氨酸含量较低，因此在使用时最好与其他蛋白质饲料搭配使用，以提高饲料蛋白质利用率。

③ 这类饲料中磷含量虽较高，但2/3以上是以植酸磷的形式存在，不易被动物吸收利用，因此可添加植酸酶以促进其中磷的吸收。

2. 饼（粕）类

饼、粕类是油料籽实及其他含油量高的植物籽实抽取油脂的残余部分。在我国资源量较大的有豆饼（粕）、棉籽饼（粕）、草籽饼（粕）、花生饼（粕）、葵籽饼（粕）等，由于其蛋白质含量高，且残留一定量的油脂，因而营养价值较高。

饼（粕）类的生产技术有溶剂浸提法与压榨法两种。前者的产品通称为“粕”，后者通称为“饼”。溶剂浸提法不经过高温高压，故油粕中的营养物质除油脂外，变化不显著。而压榨法则由于高温高压过程常常导致蛋白质变性，特别是赖氨酸、精氨酸等碱性氨基酸损失严重。另一方面，高温高压处理也可使大豆、棉籽中的有害物质失活。因此，压榨法有利也有弊。

（1）豆饼（粕） 豆饼、豆粕是优质的植物性蛋白质饲料，具有蛋白质含量高（42%～48%）、品质好（鱼类对熟豆饼的粗蛋白消化率一般大于85%）、赖氨酸含量丰富及消化能值高等优点。

影响大豆饼（粕）使用效果的因素主要是蛋氨酸含量低。热处理程度不好的浸提豆粕含有较多的抗胰蛋白酶等抗营养因子，从而影响豆粕的利用和鱼、虾的生长。因此，提高大豆粕营养价值可通过合理搭配、添加蛋氨酸以及热处理（110℃，3分钟）等途径来实现。

我国饲料用大豆饼及大豆粕的质量指标及分级标准见表1-1、

表 1-2。

表 1-1 饲料用大豆饼的质量指标及分级标准（NY/T 130—1989）

项目	一级	二级	三级
粗蛋白质/%	≥41.0	≥39.0	≥37.0
粗脂肪/%	<8.0	<8.0	<8.0
粗纤维/%	<5.0	<6.0	<7.0
粗灰分/%	<6.0	<7.0	<8.0

注：各指标均以 87%干物质为基础计算；四项指标必须全部符合相应等级的规定；二级为中等质量标准，低于三级者为等外品。

表 1-2 饲料用大豆粕的质量指标及分级标准（GB/T 19541—2004）

项目	带皮大豆粕		去皮大豆粕	
	一级	二级	一级	二级
水分/%	≤12.0	≤13.0	≤12.0	≤13.0
粗蛋白质/%	≥44.0	≥42.0	≥48.0	≥46.0
粗纤维/%	≤7.0		≤3.5	≤4.5
粗灰分/%	≤7.0		≤7.0	
尿素酶活性(以氨态氮计)/[毫克/(分钟·克)]	≤0.3		≤0.3	
氢氧化钾蛋白质溶液/%	≥70.0		≥70.0	

注：粗蛋白、粗纤维、粗灰分三项指标均以 88%或者 87%干物质为基础计算。

（2）棉籽饼（粕） 我国棉籽饼（粕）资源量极为丰富，单产量约 400 万吨，棉籽饼的粗蛋白含量取决于制油前的去壳程度和出油率，去壳较彻底，残油 3%～5%的棉籽饼粗蛋白含量可高达 40%，而带壳榨油的棉籽饼，粗蛋白含量一般为 27%～33%。棉籽饼蛋白质的消化率一般在 80%以上。据测定，草鱼对棉籽饼蛋白质的消化率为 83%。从棉籽饼的氨基酸组成看，除精氨酸、苯丙氨酸含量较多外，其他氨基酸的含量均低于鱼、虾类生长需要量，尤其是赖氨酸含量低，且利用率也低，棉籽饼中赖氨酸只有 66%左右可被动物吸收利用。

棉籽饼中含有棉酚等有毒物质。棉酚分为游离棉酚和结合棉酚。游离棉酚对动物有害而结合棉酚则无害。一般棉籽中含棉酚总量0.7%～1.5%，榨油后约3/4进入油中，约1/4残留在饼中，其中大部分是结合棉酚，所以棉籽饼中残油量越少，则游离棉酚含量越少。游离棉酚对动物的影响主要表现在对肝、肾及神经、血管的毒性。鱼类棉酚中毒主要表现为食欲下降、生长受阻，并影响繁殖性能。但棉酚为低毒物质，含量较低时对鱼、虾不会产生不良影响，棉酚在鱼、虾中的残留量也远在食品卫生法限量范围之内。大量的试验证实，鱼类对棉酚的耐受能力远高于陆生动物，如机榨饼（含游离棉酚在0.1%以下）用量在15%以下，一般可不经去毒处理直接利用。如果棉籽饼中游离棉酚含量较高或用量进一步增加，为慎重起见，须先进行脱毒处理。脱毒方法较多，如蒸煮法、碱水浸泡法、亚铁盐法、发酵法等。硫酸亚铁法最为简便，不仅去毒彻底，而且成本低，对营养物质基本上没有损失。硫酸亚铁俗称绿矾，将粉碎的棉籽饼加入0.4%的硫酸亚铁，拌匀后用0.5%的石灰水浸泡2～4小时，饼与水的比例为1∶(5～7)，处理后晒干备用即可。另外，酵母发酵法去除棉酚是近年来研制成功的一种方法，已推广应用。目前已成功栽培出游离棉酚含量极低的低酚棉籽，已在许多地区种植。

在购买和使用棉籽饼时，要注意检测其粗蛋白、粗纤维、游离棉酚等，还要注意防止棉籽饼的霉变。我国饲料用棉籽饼的质量指标及分级标准见表1-3。

表1-3　饲料用棉籽饼的质量指标及分级标准（NY/T 129—1989）

项目	一级	二级	三级
粗蛋白质/%	≥40.0	≥36.0	≥32.0
粗纤维/%	<10.0	<12.0	<14.0
粗灰分/%	<6.0	<7.0	<8.0

注：各指标均以88%干物质为基础计算；三项指标必须全部符合相应等级的规定；二级为中等质量标准，低于三级者为等外品。

（3）菜籽饼（粕）　油菜子提取油脂后的副产品即为菜籽饼（粕）。我国年产菜籽饼（粕）约350万吨。菜籽饼（粕）粗蛋白含量一般为35%～38%，但蛋白质消化率较豆饼和棉籽饼低，如草鱼对菜籽饼蛋白质的消化率仅为69%。在氨基酸构成方面与棉籽饼相似，赖氨酸、蛋氨酸含量及其利用率都较低。

菜籽饼（粕）目前主要被作为肥料使用，其原因除以上所述的蛋白质品质较差外，还由于菜籽饼中含有一系列毒素或抗营养因子，其中单宁、植酸主要影响饲料的适口性和饲料中矿物元素的利用率，而含量较高的芥子苷（在甘蓝型菜籽中含量为6%～9%），虽然本身无毒，但与芥子酶作用后可生成致甲状腺肿大或破坏消化道表层黏膜的有毒物质。因此，使用菜籽饼喂鱼，一般都不同程度地出现采食量下降、甲状腺肿大等症状，而生长速度一般只相当于豆饼组的70%左右。

为了提高菜籽饼（粕）的使用效果，避免中毒，一般采用限量使用（用量宜控制在20%以下），并与鱼粉、豆饼配合使用或添加赖氨酸。用量较大时，最好进行去毒处理。目前菜籽饼去毒一般采取坑埋或发酵的方法，也可采用水或有机溶剂浸泡去毒。饲料用菜籽饼或菜籽粕的质量指标及分级标准见表1-4、表1-5。

表1-4　饲料用菜籽饼的质量指标及分级标准（NY/T 125—1989）

项目	一级	二级	三级
粗蛋白质/%	≥37.0	≥34.0	≥30.0
粗脂肪/%	<10.0	<10.0	<10.0
粗纤维/%	<14.0	<14.0	<14.0
粗灰分/%	<12.0	<12.0	<12.0

注：各指标均以88%干物质为基础计算；三项指标必须全部符合相应等级的规定；二级为中等质量标准，低于三级者为等外品。

表 1-5　饲料用菜籽粕的质量指标及分级标准（GB/T 23736—2009）

项目	等级			
	一级	二级	三级	四级
粗蛋白质/%	≥41.0	≥39.0	≥37.0	≥35.0
粗纤维/%	≤10.0	≤12.0		≤14.0
粗灰分/%	≤8.0		≤9.0	
粗脂肪/%	≤3.0			
赖氨酸/%	≥1.7		≥1.3	
水分/%	≤12.0			

注：各项质量指标含量除水分以原样为基础计算外，其他均以 88% 干物质为基础计算。

（4）花生饼　花生饼是花生提油后的副产品。目前市售的花生饼，一种是花生米加热压榨制油后的副产品，称花生饼；一种是花生米用溶剂抽提油脂后的副产品，称花生粕；还有一种是带壳花生压榨后的副产品，也称花生饼。第一种含油量略高，含粗蛋白略低，一般为 45% 左右，具有花生米的香味；第二种则含油量低而粗蛋白含量较高（48%～50%），无香味。而带壳花生饼粗蛋白含量低（26%～28%），粗纤维含量高（15%以上），饲用价值低。就其适口性和饲料效果来说，压榨法所产生的饼明显优于浸出粕。

花生饼的蛋白质品质较好，其蛋白质消化率可达 90% 以上。虽然蛋氨酸、赖氨酸含量略低于大豆饼，但组氨酸、精氨酸含量丰富。花生饼中含维生素 B_1 较多，但维生素 A、维生素 D、维生素 B_2 含量较低。

花生饼中也含有抗胰蛋白酶，所以浸提花生粕使用前最好进行热处理，同时还要注意储藏、保鲜，因为花生饼残留脂肪量高，易被黄曲霉污染。黄曲霉产生的黄曲霉素是强烈的致癌物质。因此，发霉变质的花生饼不宜作为饲料。饲料用花生饼或花生粕的质量指标及分级标准见表1-6、表1-7。

表1-6 饲料用花生饼的质量指标及分级标准（NY/T 132—1989）

项目	一级	二级	三级
粗蛋白质/%	≥48.0	≥40.0	≥36.0
粗纤维/%	<7.0	<9.0	<12.0
粗灰分/%	<6.0	<7.0	<8.0

注：各指标均以88%干物质为基础计算；三项指标必须全部符合相应等级的规定；二级为中等质量标准，低于三级者为等外品。

表1-7 饲料用花生粕的质量指标及分级标准（NY/T 133—1989）

项目	一级	二级	三级
粗蛋白质/%	≥51.0	≥42.0	≥37.0
粗纤维/%	<7.0	<9.0	<11.0
粗灰分/%	<6.0	<7.0	<8.0

注：各指标均以88%干物质为基础计算；三项指标必须全部符合相应等级的规定；二级为中等质量标准，低于三级者为等外品。

（5）向日葵饼（粕） 向日葵饼（粕）因加工方法不同，营养价值也不一样。脱壳榨油的含粗蛋白质多，含粗纤维少，是优良饲料。带壳榨油的饼，粗纤维极多，营养价值低。

向日葵饼作鱼类饲料，因赖氨酸含量少，与动物性蛋白质饲料、豆饼等配合效果较好。但由于目前生产的完全脱壳的很少，多为带壳产品，粗纤维含量高，因此用量不宜太大。向日葵仁饼（粕）的质量指标及分级标准见表1-8、表1-9。

表1-8 饲料用向日葵仁饼的质量指标及分级标准（NY/T 128—1989）

项目	一级	二级	三级
粗蛋白质/%	≥36.0	≥30.0	≥23.0
粗纤维/%	<15.0	<21.0	<27.0
粗灰分/%	<9.0	<9.0	<9.0

注：各指标均以88%干物质为基础计算；三项指标必须全部符合相应等级的规定；二级为中等质量标准，低于三级者为等外品。

表 1-9　饲料用向日葵仁粕的质量指标及分级标准（NY/T 127—1989）

项目	一级	二级	三级
粗蛋白质/%	≥38.0	≥32.0	≥24.0
粗纤维/%	<16.0	<22.0	<28.0
粗灰分/%	<10.0	<10.0	<10.0

注：各指标均以88%干物质为基础计算；三项指标必须全部符合相应等级的规定；二级为中等质量标准，低于三级者为等外品。

3. 其他加工副产品

在植物性蛋白质饲料中，还包括一些轻工业及食品业加工的副产品，如玉米面筋、小麦胚芽饼及酒糟等糟渣类。本类饲料是谷实类中大量糖类被提取后的多水分残渣物质，粗纤维、粗蛋白和粗脂肪的含量均较原材料高，其干物质中粗蛋白质可达22%～43%。

(1) 玉米面筋　玉米面筋为淀粉工业的副产品，它包括玉米中除淀粉之外的所有其他物质，粗蛋白含量可达40%以上。

(2) 酒糟　酒糟是酿造工业的副产品，水分含量高，B族维生素含量丰富。由于酒糟中几乎保留了原料中所有的蛋白质，而且加入了微生物菌体，因而干物质中粗蛋白含量一般都较高。但酒糟的营养成分与酿酒原料、酿造工艺有密切关系，使用时应区别对待。由于酒糟水分含量高，不宜久贮，故需制成干品。干酒糟在鱼饲料中的用量取决于鱼的种类和酒糟的质量。

二、动物性蛋白饲料

动物性蛋白饲料包括优质鱼、虾、贝类，水产副产品和畜禽副产品等，其特点是蛋白质含量高、品质好，富含赖氨酸、蛋氨酸、色氨酸等必需氨基酸，含糖量低，几乎不含纤维素；灰分含量高，钙、磷含量较高；维生素含量丰富，特别是B族维生素。所以，动物性蛋白饲料是淡水鱼类的优质饲料原料。

1. 鱼粉

鱼粉是由经济价值较低的低质鱼或鱼品加工副产品制成，其质量取决于生产原料及加工方法。由水产加工废弃物（鱼骨、鱼头、鱼皮、鱼内脏等）为原料生产的鱼粉称为粗鱼粉。粗鱼粉粗蛋白含量较低而灰分含量高，其营养价值低于用全鱼制造的鱼粉。

鱼粉加工有土法、干法、湿法等几种。

土法生产，是指用晒干粉碎的方法生产，由于鱼在日晒过程中易导致鱼油氧化，因此鱼粉质量差。

干法生产鱼粉是将原料蒸煮和干燥后，除去水分，然后压榨或提取鱼油，最后经粉碎、筛分即得。用此法生产的鱼粉残留脂肪较多，鱼粉呈深褐色，品质也较差。

湿法生产鱼粉是将原料蒸煮后，压榨除去鱼油和大部分水分，干燥，再轧碎，压榨液经离心去油后，浓缩混合于轧碎的榨饼中，一并干燥而得鱼粉。湿法生产较干法生产能耗低，除臭彻底，鱼粉得率高，质量好。由湿法生产的鱼粉称为全鱼粉。

鱼粉的质量因加工方法和原料不同而差异较大，对进口鱼粉及国产鱼粉的质量要求见表1-10、表1-11。

表1-10 进口鱼粉的质量要求

项目	水分/%	粗蛋白质/%	粗脂肪/%	盐分/%	砂分/%	备注
智利鱼粉	10	67	12	3	2	要求具有鱼粉正常气味，无异臭及焦灼味
秘鲁鱼粉	10	65	10	6	2	
秘鲁鱼粉（加抗氧化剂）	10	65	13	6	2	

表 1-11 国产鱼粉的水产行业标准（SC/T 3501—1996）

等级	特级品	一级品	二级品	三级品
色泽	黄棕色、黄褐色等鱼粉正常颜色			
组织	膨松、纤维状组织明显，无结块、无霉变	较膨松、纤维状组织较明显，无结块、无霉变	松软粉状物，无结块、无霉变	
气味	有鱼香气味，无焦灼味和油脂酸败味		具有鱼粉正常气味，无异臭，无焦灼味	
粉碎粒度	至少98%能通过筛孔为2.80毫米的标准筛			
粗蛋白/%	≥60	≥55	≥50	≥45
粗脂肪/%	≤10	≤10	≤12	≤12
水分/%	≤10	≤10	≤10	≤12
盐分/%	≤2	≤3	≤3	≤4
灰分/%	≤15	≤20	≤25	≤25
砂分/%	≤2	≤3	≤3	≤4

鱼粉蛋白质含量高，氨基酸组成的特征是含胱氨酸和蛋氨酸等含硫氨基酸多以及赖氨酸多，维生素 A、维生素 D 以及 B 族维生素多，特别是含维生素 B_{12} 极多。此外，矿物元素量多质优，富含钙、磷及锰、铁、碘等。因此，鱼粉是淡水鱼类的优质蛋白源之一。

购买鱼粉时应注意鱼粉的质量，避免掺假、掺杂，加强质量检测。常用的鱼粉质量简易鉴别法有以下几种。

(1) 外观观察法　感官鉴别方法见表 1-12。

表 1-12　鱼粉的感官比较

鱼粉种类	色泽	气味	质感
优质鱼粉	红棕色、黄棕色或褐色	浓咸腥味	细度均匀，手捻无砂粒感，手感疏松

续表

鱼粉种类	色泽	气味	质感
劣质鱼粉	浅黄色、青白色或黑褐色	腥臭或腐臭味	细度和均匀度较差，手捻有砂粒感，手感较硬
掺假鱼粉	黄白色或红黄色	淡腥味、油脂味或氨味	细度和均匀度较差，手捻有砂粒感或油腻感，在放大镜下观察有植物纤维

（2）石蕊试纸法　取少量鱼粉置于火焰上燃烧产生烟雾，以石蕊试纸测试，若呈红色，是酸性反应，为动物性物质；若呈蓝色，是碱性反应，说明鱼粉中掺有植物性蛋白原料或者植物杂质。

（3）闻烟法　鱼粉燃烧后，若闻到呈纯毛发燃烧气味的是动物性物质；若带有谷物类干炒后的芳香，则证明鱼粉不纯。

（4）沉淀法　利用黄沙比鱼粉密度大的原理，取少量鱼粉置于盛有清水的玻璃容器内，搅拌后将上浮物质滤出，沉淀物质再反复滤洗洁净，然后把容器在明亮处观察，沉淀物有黄沙则成透明状颗粒，容器按水平方向摇荡有撞击玻璃的响声。

（5）浸泡法　将少量鱼粉置于茶杯或培养皿中，加入浓度为95％的酒精浸泡样品，再滴入1～2滴浓盐酸，如果出现深红色，说明掺有木屑杂质，加水后深红色物质浮于水面。

（6）加热法　取少量（30克左右）的鱼粉置于烧瓶内，然后加入10～15克的大豆粉和适量的水，加上瓶塞并在热源下加热15～20分钟，取出瓶塞时如闻有氨味，证明鱼粉掺有尿素。

2. 骨粉、肉骨粉、肉粉

饲料用骨粉是以新鲜无变质的动物骨经高压蒸汽灭菌、脱脂或经脱胶、干燥、粉碎后的产品。可以含有少量油脂、结缔组织，但不能使用发生疫病的动物骨。饲料用肉骨粉是以新鲜无变质的动物废弃组织及骨经高温高压、蒸煮、灭菌、脱脂、干燥、粉碎后的产品，一般呈黄色至黄褐色。其原料包括不能食用的动物内脏、废弃屠体、胚胎等，但不能添加毛发、蹄、角、羽毛、血、皮革、胃肠内容物及非蛋白含氮物质，更不能使用发生疫病的动物废弃组织及骨。由于其原料质量不稳定，因而其营养成分差异较大。一般将粗蛋白质含量较高、灰分含量较低的称为肉粉，而将粗蛋白含量相对较低、灰分含量较高的称为肉骨粉。表1-13是饲用骨粉的质量标准，表1-14是饲用肉骨粉的质量标准。

表1-13　饲料用骨粉质量指标（GB/T 20193—2006）

总磷/%	粗脂肪/%	水分/%	酸价(KOH)/(毫克/千克)
≥11.0	≤3.0	≤5.0	≤3

表1-14　饲料用肉骨粉等级质量指标（GB/T 20193—2006）

等级	质量指标					
	粗蛋白质/%	赖氨酸/%	胃蛋白酶消化率/%	酸价(KOH)/(毫克/千克)	挥发性盐基氮/(毫克/100克)	粗灰分/%
一级品	≥50	≥2.4	≥88	≤5	≤130	≤33
二级品	≥45	≥2.0	≥86	≤7	≤150	≤38
三级品	≥40	≥1.6	≥84	≤9	≤170	≤43

肉粉、肉骨粉粗蛋白质含量可达40%～64%，蛋白质消化率则取决于原料和加工方法，一般为60%～90%。由于这类饲料含脂量较高，易氧化酸败，因此在使用和选购时要注意鉴别。

3. 血粉

血粉由畜禽血液脱水干燥制成，呈暗红色或褐色，粗蛋白质含量很高，可达80%以上，且含有丰富的赖氨酸。但由于高温干燥，血粉的适口性差，蛋白质消化率和赖氨酸的利用率只有40%～50%。由于血粉氨基酸比例很不平衡，饲喂淡水鱼类效果很差，因此血粉在淡水鱼类饲料中的用量一般低于5%。而发酵或细胞破壁后的血粉可大大提高蛋白质的利用率。若血细胞蛋白粉采用一定的工艺，打破坚韧的血细胞细胞膜，使其中的血红蛋白释放出来，其蛋白含量可达92%，淡水鱼类对其消化率几乎为100%。经试验，用于鳗鱼、罗非鱼等鱼类的养殖效果较好。饲用血粉等级质量指标见表1-15。

表1-15 饲用血粉等级质量指标

等级	一级品	二级品
粗蛋白/%	≥80	≥70
粗纤维/%	<1	<1
水分/%	≤10	≤10
灰分/%	≤4	≤6

4. 羽毛粉

羽毛粉由家禽的羽毛粉碎而成，粗蛋白质含量高达85%以上，但赖氨酸、色氨酸和蛋氨酸不足，含亮氨酸和胱氨酸较多。由于羽毛粉溶解性较差，不易被淡水鱼类消化吸收，羽毛粉经过高温、高压处理或酸碱水解后方可作为饲料。羽毛粉在淡水鱼类饲料配方中的用量一般低于5%。

5. 蚕蛹

蚕蛹是蚕茧缫丝后的副产品。干蚕蛹含蛋白质55%～62%，蛋白质消化率一般在80%以上，且赖氨酸、蛋氨酸等必需氨基酸含量丰富。但蚕蛹粗脂肪含量很高，不易储藏，如大量投喂变质蚕蛹，则饲料适口性下降，鲤出现瘦脊病，虹鳟则表现为严重贫血。蚕蛹榨取油脂后即为脱脂蚕蛹，由于脂肪含量降低（含量为4%左右），不仅利于储藏，而且粗蛋白含量更高（80%），喂养效果较好。长期大量使用蚕蛹养殖淡水鱼类，会对其风味构成不良影响，因此蚕蛹在淡水鱼类饲料配方中的用量应在10%以下，在淡水鱼类起捕前半个月内应停止使用。

6. 虾糠、虾头粉

虾糠为加工海米的副产品，一般含蛋白质35%左右，还含有较多的甲壳质和虾红素；虾头粉为对虾加工无头虾的副产品，虾头约占整虾的45%，含蛋白质50%左右，类脂占15%左右，还含有大量的甲壳质、虾红素等。虾糠、虾头粉是虾、蟹配合饲料中必须添加的原料，也是鱼类的良好饲料。

7. 乌贼内脏粉

乌贼内脏粉是加工乌贼制品的下脚料，含蛋白质60%左右，氨基酸配比良好，富含精氨酸和组氨酸，含脂肪5%～8%，其中磷脂、胆固醇、维生素含量较多，诱食性好，为良好的饲料原料。

三、单细胞蛋白饲料

单细胞蛋白也称微生物饲料，是一些单细胞藻类、酵母菌等微生物的干制品。它是饲料重要的蛋白来源，具有任何其他养殖业不可比拟的繁殖速度和蛋白质生产效率。目前单细胞饲料生产已形成产业化、集约化，同时微生物产品含蛋白质丰富，一般为42%～70%，蛋白质的质量接近于动物蛋白质，其消化率在80%以上，特别是赖氨酸、亮氨酸含量丰富，但含硫氨基酸含量偏低，维生素、矿物质含量也很丰富。此外，还含有一些生理活性物质。

1. 单细胞藻类

单细胞藻类主要有螺旋藻、小球藻等，其粗蛋白含量高，如小球藻含粗蛋白55%、粗脂肪18%，螺旋藻含粗蛋白50%～70%、脂肪6%～9%。另外，还含有丰富的叶绿素、类胡萝卜素和多种维生素等，如螺旋藻粉每千克中含叶绿素800～2000毫克、类胡萝卜素200～400毫克，以及维生素A、维生素B_1、维生素B_2、维生素B_6、维生素B_{12}、肌醇等。以螺旋藻、小球藻等作为鱼虾、蟹苗的开口料，效果良好，已得到较广泛的应用。

单细胞藻类也是淡水鱼类饲料的优质原料，尤其对虹鳟、锦鲤等可改善体色，并促进生长，提早繁殖；对其他水产动物（如甲壳类、贝类或软体动物）具有同样效果。

2. 酵母类

由于培养基不同，一般有啤酒酵母、饲料酵母、石油酵母及海洋酵母之分。啤酒酵母是酿造啤酒后沉淀在桶底的酵母菌生物体经干燥制成。啤酒酵母的粗蛋白含量达50%以上，作为特种水产动物的饲料原料效果较好。

石油酵母是一类以正烷烃、甲醇、乙醇等石油化工产品为基质培养的酵母。石油酵母因含致癌物质，在有些国家不允许使用。我国尚无此种产品出售。

海洋酵母是从海水中分离出的一类圆酵母。由于这类酵母对环境适应能力强，生产周期短，生产成本低，目前我国及日本已将其应用于水产养殖业，除可作为虾、蟹、扇贝幼体的饲料外，还可将其干制品应用于高档鱼类的配合饲料中。

饲料酵母泛指以糖蜜、味精、酒精、造纸等的废液为培养基生产的酵母菌菌体，外观多是淡褐色。粗蛋白含量一般为40%～60%，与鱼粉相比，其蛋氨酸稍低。试验证明，饲料酵母是鱼、虾的好饲料，可替代饲料中部分乃至全部鱼粉。

酵母类饲料鉴别方法如下。

（1）非发酵产物的鉴别　一般推销饲料酵母的厂家，都在说明上标有每种产品含酵母菌多少个，假如是非发酵产物，那么产品中酵母菌数与说明相差悬殊。操作方法：取1克样品溶于99毫升蒸馏水中，多次振荡，以血细胞计数板在显微镜下计数检验，结果与说明相符者为纯发酵产物，否则为非纯发酵产物。

（2）掺羽毛粉、血粉、皮革粉的鉴别　为了提高产品粗蛋白，许多厂家以少量饲料酵母掺羽毛粉、血粉及无机氮，补充以石粉、玉米粉等。这种产品粗蛋白能达45%以上，通过非发酵产物的鉴别方法可以鉴别，但也可以通过以下几种方法鉴别。

① 掺羽毛粉：肉眼观察产品中有闪光亮点。进一步在放大镜下观察，也能检测出。

② 掺血粉：有臭味，产品颜色偏黑。

③ 掺皮革粉：用铬鞣制的皮革中的铬，灰化后有一部分生成6价铬。在强酸溶液中，6价铬可与二苯基卡巴腙反应，生成紫色水溶性铬。方法是取少许粉碎试样于坩埚中灰化，冷却后用水润湿，加10毫升2当量的硫酸，使之呈酸性；然后滴加数滴二苯基卡巴腙溶液（0.5克；二苯基卡巴腙溶于100毫升90%酒精中），可根据变色程度进行判断。

（3）掺无机氮及尿素的鉴别　掺尿素或无机氮［如$(NH_4)_2SO_4$、NH_4Cl］的主要目的是补充产品中的含氮量，为掺石粉等提供条件。检验方法如下。

① 观察，有白色结晶体。

② 闻味，有刺鼻的氨味。

③ 测真蛋白，掺假产品的真蛋白含量较低。

④ 尿素测定。取1克试样，加水10毫升，静置20分钟，取数滴上清液于蒸发器中，加稀碱液数滴，于水浴锅上蒸干，再加入微量的生大豆粉，静置2～3分钟，加1滴奈斯勒试剂，如有黄色或黄褐色沉淀产生，说明有尿素。

第三节

能量饲料

能量饲料是指干物质中粗纤维小于18%、粗蛋白小于20%

的一类饲料（如谷实类），此外还包括含能量极高的饲用油脂。能量饲料的主要营养成分是糖类和脂肪，而粗蛋白含量很低。因此，能量饲料在动物营养中主要起提供能量的作用。此外，一些能量饲料也起黏合剂的作用。

一、谷实类

1．玉米

玉米是配合饲料中使用比较多的原料之一，产量高、品种多，有黄玉米、白玉米、红玉米之分。玉米含蛋白质 8.0%～10.0%，且以醇溶蛋白为主，淡水鱼类不易消化，因此品质较差。因其纤维素含量很低，而淀粉含量高，同时还含有较多的脂肪（4%～5%），因而含能量很高。

2．小麦

小麦的能量价值与玉米相似，但其蛋白质含量较高，可达 12%，营养物质容易消化。在淡水鱼类的配合饲料中多用小麦全粉或次面粉作为黏合饲料。

3．大麦

大麦外面有层纤维质的壳，粗纤维含量较玉米高，而可消化的糖类较玉米低。大麦粗蛋白含量略高于玉米，赖氨酸含量也较高，达 0.52%，因而蛋白质品质也优于玉米。

4．燕麦

主要产于北方高寒地区，粗蛋白含量一般为 13%，粗脂肪 4.4%。由于纤维质外壳在籽实中所占比重较大，因而粗纤维含量较高（10.9%），而淀粉类、可消化糖类较低。

5．高粱

高粱的营养成分与玉米相似，但蛋白质品质优于玉米。因为高粱籽实中含有单宁，略有涩味，适口性差，所以用量不宜过高。

6. 稻谷

主产于南方，由于外壳含纤维素高，其蛋白质和糖类含量略低于其他谷实类。

二、糠麸类

1. 麦麸

小麦麸又称为麸皮或麦麸，是由小麦的种皮、糊粉层、胚芽和少量面粉组成，其成分随出粉率不同而呈现一定差异。麸皮粗蛋白含量13%～16%，粗脂肪4%～5%，粗纤维8%～12%。与谷实类相比，麸皮含有较多的B族维生素，如维生素B_1、维生素B_2、维生素B_6。在矿物质含量方面，钙含量较低，而磷含量可高达1.31%，钙、磷极不平衡。此外，麸皮中还含有较多镁。小麦麸是淡水鱼类配合饲料中常用的饲料原料之一。麸皮质地疏松，粗纤维较多，用量过高会降低黏结性。

2. 米糠

米糠是糙米加工成白米时分离出的种皮、糊粉层与胚三种物质的混合物。其营养价值因粗米精制程度不同而异，有清糠和统糠之分。清糠也称细米糠，其粗蛋白、粗脂肪、粗纤维含量分别为13.8%、14.4%和13.7%。由于其粗脂肪含量较高，且多为不饱和脂肪酸，极易氧化，故米糠应鲜用，否则须加入抗氧化剂或脱脂后再作饲料。统糠的主要成分约70%为谷壳，所以营养价值显著低于清糠。粗蛋白、粗脂肪含量较低（分别为7%、6%），而粗纤维含量很高（36%），在淡水鱼类配合饲料中用量应严格控制。

三、薯类

这类饲料主要有木薯、甘薯、马铃薯等，其鲜品含水分较高，但干品的营养成分与谷实类相比，含淀粉较多（80%），而其他成分均很低，粗纤维、粗蛋白含量一般在5%以下。

在淡水鱼类配合饲料中使用这类饲料，只起着提供糖类和增强饲料黏合性的作用。如在甲鱼、鳗鱼及虾、蟹饲料中用淀粉作为黏合剂。

四、饲用油脂

在室温下，呈液态的脂肪叫油，呈固态的脂肪叫脂，统称为油脂。

饲用油脂包括动物油脂、植物油脂、混合油脂和粉末油脂。动物性脂肪是从牛、羊、猪、禽类和水产动物的体组织中提炼出来的，植物油是从各种油料籽实中榨取的油。目前生产上常用的动物油脂包括猪油、牛油、鱼油等；植物性油脂包括大豆油、玉米油、棕榈油、菜籽油和葵花籽油；由各种动物油和植物油按一定比例混合而成的即为混合油；粉末油主要指被加工成粉末状的脂肪粉。油脂类饲料中多含不饱和脂肪酸，同样为淡水鱼类生长所需，但其易被氧化，氧化、酸败油脂对水产动物危害很大，易引起贫血、瘦弱等疾病，应避免使用。在生产中通常加入抗氧化剂，如在使用含高不饱和脂肪酸的油脂作淡水鱼类的饲料时，应随脂肪的用量添加维生素E，以减少氧化油的危害。通常情况下，在肉食性淡水鱼类及虾蟹类的饲料中常需添加油脂，而草食性鱼类的饲料一般不另外添加油脂。现将几种常用的淡水鱼类油脂总结如下。

1. 饲用鱼油

鱼油是鱼粉加工的副产品，是鱼及其废弃物经蒸、压榨和精炼而得到的。几种常用鱼油的成分和物理性质见表1-16。

表 1-16　几种常用鱼油的成分与物理性状（洪平，1990）

项目	鳗鱼鱼油	油鲱鱼鱼油	金枪鱼鱼油
游离脂肪酸(FFA)/%	15.0	15.0	15.0
水分/%	2.0	2.0	2.0
不纯物/%	0.75	0.75	0.75
不皂化物/%	1.5	1.5	1.5
酸价/(毫克/克)	1.9	1.6	1.94
碘价/克		160	
皂化价/(毫克/克)		191	
熔点/℃		32	

同其他油脂相比，鱼油含有丰富的维生素A、维生素D和n-3类型不饱和脂肪酸，营养价值较高，此外，鱼油具有腥味，有很强的诱食效果，添加鱼油的饲料适口性大大增加。在生产过程中，鱼油可以减少机械的磨损，增加制粒机的寿命，同时饲料的外观也可以得到明显的改善。因此，作为饲用油脂，鱼油具有很高的应用价值。

鉴于鱼油含有不饱和脂肪酸较高的特性，应于避光阴凉处妥善放置，否则很容易酸败。酸败的鱼油质量的适口性和营养价值都大打折扣，甚至不如植物油、牛油、猪油，还会腐蚀机械。

饲用鱼油的外观应为淡黄色或橙红色油状液体，并具有鱼油固有的微腥味，没有酸败味。其饲用等级质量标准见表1-17。

表 1-17　饲用鱼油的等级质量标准（SC/T 3504—2006）

项目	一级	二级	三级
水分及挥发物/%	≤0.2	≤0.3	≤0.2
酸价/[毫克(KOH)/克]	≤1.0	≤5.0	≤1.0
过氧化值/(毫摩尔/千克)	≤6.0	≤8.0	≤3.0
不皂化物/%	≤3.0	≤3.0	≤3.0
碘价/[克(I)/100 克]	≥140		≥160
EPA+DHA 含量(ω/ω)/%	≥20		≥30

2. 饲用大豆油

饲用大豆油是指从大豆中提取的油脂，主要成分为高级脂肪酸和甘油形成的酯，一般呈淡黄色至棕黄色，具有豆类固有的豆香和豆腥味，精炼后呈淡黄色且无味。大豆油不但具有很高的能量，还含有丰富的亚油酸，亚油酸为淡水鱼类的必需脂肪酸，因此也具有很高的营养价值，而且其来源广、质量稳定，在生产中可以部分代替鱼油，具有很高的实用价值。

此外，虽然豆油质量较稳定，但是若储存不当或时间过长，也会导致酸败，因此，使用前必须认真检查，必要时可测定过氧化价和脂肪酸值碘价。

3. 饲用菜籽油

菜籽油简称“菜油”，是从油菜籽中提取的油脂。精制菜籽油为金黄色，可作为食用油；而未经提炼的为毛菜籽油，呈黄略带绿色，含有芥子苷，因此具有一定的刺激气味，通常作为饲用油脂。菜籽油由于产地不同，营养成分差异较大，如普通菜籽油中饱和脂肪酸含量约为7.0%，油酸17.0%，亚油酸13.0%，亚麻酸10.0%～11.0%，芥酸40.0%～50.0%。但一些新品种如双低菜籽油，饱和脂肪酸含量4.5%～7.0%，油酸75%～85%，亚油酸6.0%～10.0%，亚麻酸<3.0%，芥酸0.0～1.0%。此外，菜籽油还含有多种矿物质（铁、铜、锌、锰），也含有大量维生素E，因此营养价值较高。

在生产应用中，毛菜籽油含有大量的芥酸和芥子苷，不适宜淡水鱼类长期食用。但易新文等（2013）用菜籽油代替25%、50%、75%和100%的鱼油对大黄鱼（13.56克）的研究中发现，用菜籽油代替鱼油对大黄鱼的生长和体组成无显著影响，但可以显著影响其脂肪酸组成和体色。彭墨等（2015）试验表明，从营养角度考虑，菜籽油应用于大菱鲆幼鱼至多可代替66.7%的鱼油。

4. 饲用米糠油

米糠油来自米糠。米糠是稻谷加工成大米的副产物，约占糙米的6%，含油率达9%～22%，我国是水稻生产大国，因此米糠资源极其丰富。我国目前没有专门的饲用米糠油的标准，但是作为现行可食用的米糠油（GB/T 19112—2003）很少用于食用，可作为饲料油脂添加到饲料中。米糠油含有38%左右的亚油酸和42%左右的油酸，此外还含有维生素E、甾醇、谷维素等营养成分，具有很高的营养价值，而维生素E和谷维素又都具有抗氧化作用，因此米糠油的稳定性较好，容易储存。但就当前情况而言，米糠油的精炼成本较高，在饲料上的应用并不广泛，但作为具有极高营养价值的油脂具有广阔的发展前景。根据其加工方法不同，米糠油可分为米糠原油、压榨成品米糠油和浸出成品米糠油三类，其质量分级标准见表1-18、表1-19。

表1-18　米糠原油质量指标（GB/T 19112—2003）

项目	质量指标
气味、滋味	具有米糠原油固有的气味和滋味、无异味
水分及挥发物/%	≤0.20
不溶性杂质	≤0.20
酸值(KOH)/(毫克/克)	≤4.0
过氧化值/(毫摩尔/千克)	≤7.5
溶剂残留量/(毫克/千克)	≤100

注：酸值、过氧化值、溶剂残留量为强制指标。

表1-19　压榨成品米糠油、浸出成品米糠油质量指标

项目		质量指标			
		一级	二级	三级	四级
色泽	罗维朋比色槽25.4mm	—	—	黄≤35，红≤3.0	黄≤35，红≤6.0
	罗维朋比色槽133.4mm	黄≤35 红≤3.5	黄≤35 红≤5.0	—	—

续表

项目		质量指标			
		一级	二级	三级	四级
气味、滋味		无气味、口感好	气味、口感良好	具有米糠固有的气味和滋味，无异味	具有米糠固有的气味和滋味，无异味
透明度		澄清、透明	澄清、透明	—	—
水分及挥发物/%		≤0.05	≤0.05	≤0.10	≤0.20
不溶性杂质/%		≤0.05	≤0.05	≤0.05	≤0.05
酸值(KOH)/(毫克/克)		≤0.20	≤0.30	≤1.0	≤3.0
过氧化值/(毫摩尔/千克)		≤5.0	≤5.0	≤7.5	≤7.5
加热试验(280℃)		—	—	无析出物，罗维朋比色：黄色值不变，红色值增加小于0.4	微量析出物，罗维朋比色：黄色值不变，红色值增加小于4.0，蓝色值增加小于0.5
含皂量/%		—	—	≤0.03	≤0.03
烟点/℃		≤215	≤205	—	—
冷冻试验(0℃，5.5小时)		澄清、透明	—	—	—
溶剂残留量/(毫克/千克)	浸出油	不得检出	不得检出	≤50	≤50
	压榨油	不得检出	不得检出	不得检出	不得检出

注：划“—”者不作检测，压榨油和一级、二级浸出油的溶剂残留量检测值小于10毫克/千克时，视为未检出；酸值、过氧化值、溶剂残留量为强制指标。

表 1-20 为日本水产动物用油脂的规格，表 1-21 为日本鱼饲料中油脂的添加量。

表 1-20　日本水产动物用油脂的规格（洪平，1990）

项目	精制水产动物肝油	精制鲸油	精制植物油
外观	黄色—黄褐色	黄色—黄褐色	黄色—黄褐色
气味	有鱼腥味，无腐臭味	稍有鱼腥味、无腐臭味	无腐臭味
熔点/℃	<−5	<−5	<−5
碘价（I）/（克/100 克）	140～160	80～120	80～120
酸值（KOH）/（毫克/克）	<2	<2	<2
过氧化物/（毫摩尔/千克）	<5	<5	<5
水分/（%）	<3	<3	<6
维生素 A/（国际单位/克）	500～2000	500～2000	500～2000
维生素 D_3/（国际单位/克）	200～500	200～500	200～500

表 1-21　日本鱼饲料中油脂的添加量（李复兴、李希沛，1994）

鱼的种类	鱼的体重/克	油占饲料比例/%	水温/℃
鳟鱼	10	5～12	5～20
鲤鱼	40	5～15	10～30
香鱼	3	5～12	10～25
鳗鱼	20	10～20	15～30

第四节

粗饲料、青绿饲料

一、粗饲料

粗饲料是指干物质中粗纤维含量在18%以上，体积大，难消化，可利用养分较少的一类饲料，主要包括干草类、干树叶类、稿秕等。

干草是指青饲料在结籽前收割，经晒干或人工干燥制成。由于干制后仍保持一定的青色，故又称之为青干草。干草的营养价值取决于原料植物的种类、生长阶段及调制技术，其粗纤维含量为25%～30%，粗蛋白质含量10%左右，维生素含量较丰富，草食性鱼饲料中可配入部分干草粉。

叶粉是由青绿树叶经干燥粉碎而成。较好的有桑、榆、柳、槐、松、梨、苹果等树的树叶。一般嫩鲜叶、青鲜叶、青干叶叶粉营养价值较高，落叶、干枯叶营养价值低。优质叶粉干物质中粗蛋白含量在20%以上，含有较丰富的维生素，可作为鱼饲料的原料，少量添加为宜。

稿秕饲料是指农作物籽实成熟以后，收获籽实所剩余的副产品，如玉米秸、稻草、麦秸、花生壳、大豆荚皮、玉米芯、稻壳等。粗纤维含量为33%～50%，此类饲料营养价值很低，不宜作鱼、虾饲料。

二、青绿饲料

处于生长阶段用于饲料的绿色植物，称为青绿饲料，包括水生植物、牧草、叶菜类等。其特点是含水量高，水生青饲料水分含量高达 90%～95%；蛋白质含量较高，按干物质算，一般为 10%～25%，氨基酸成分齐全，粗纤维含量低，维生素含量丰富。

作为草食性鱼类的饲料，常用的有芜萍、小浮萍、苦草、马来眼子菜、黄丝草、紫背浮萍、喜旱莲子草（水花生）等。芜萍、小浮萍、紫背浮萍是草鱼、鳊鱼鱼种阶段的优良饲料。据生产经验，一般水草的饲料系数是 60～80，陆生青草的饲料系数是 25～30。

第五节

饲料源的开发

随着饲料工业和养殖业的发展，饲料需要量也越来越多，饲料供求矛盾日益突出。特别是以动物性饲料为主要食物的水产动物（如甲鱼、牛蛙、美国青蛙、鲈鱼、乌鳢等），足够的动物性饲料是提高其产量的重要条件之一，因此，除了积极开发和研制全价配合饲料外，还应当因地制宜、就地取材地利用和培养天然饲料，以降低生产成本，提高经济效益。现介绍几种动物性饲料的人工培养技术。

一、水蚤

水蚤，俗名“红虫”（图 1-1），干物质含蛋白质 60.4%、脂肪 21.0%、糖 1.1%、灰分 16.7%，此外还含有大量的维生素 A。

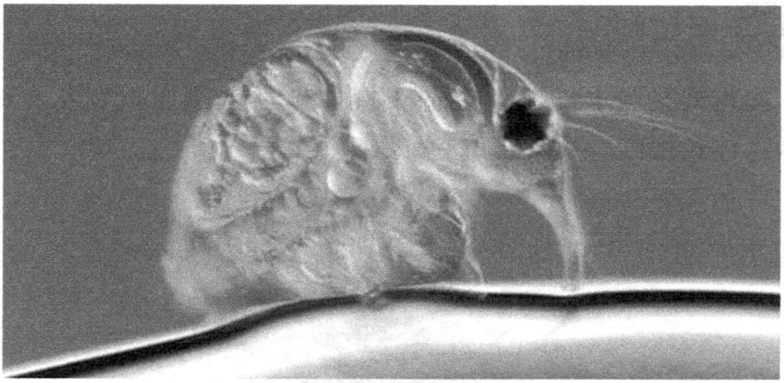

图 1-1　水蚤（放大 1000 倍，引自 http：//image. baidu. com/）

1. 培育方式

人工培育水蚤，可利用室外深 1.0～1.2 米的水泥池或小水坑作培育池，先用每立方米加入 20 克的生石灰清塘，3～5 天后每立方米水施入人畜粪或家禽粪便 2～3 千克作为基肥，使藻类和细菌大量繁殖。当池水肥度适宜，pH 值偏碱，水温 16℃以上时，按每立方米水 30～50 克的接种量引入水蚤。在温度 20～25℃时 3～4 天即可繁殖大量的幼蚤，1 周左右即可捞取。每隔 1～2 天捞 1 次，每次捞 20%～30%，连捞几次后，再追肥培育 1 周左右，又可继续捞取。一般每立方米水中每天可产水蚤约 80 克。

2. 繁殖

在培养过程中，应经常注意有无带冬卵的水蚤个体及幼体数量，如幼体数量少，表明繁殖力低。引起繁殖力低的原因很多，如食料不足、水温太高、水质变坏、衰老的个体太多等，可根据具体情况加以处理。如发现培养池内有丝状绿藻或团藻，应设法清除或捞取或清池重新培养。作为接种用的种蚤最好专池培养，以保证接种时有足够数量的生长良好的健壮个体，使后代生长好、产量高。

二、丝蚯蚓

丝蚯蚓又名水蚯蚓。丝蚯蚓体长 35～55 毫米，宽 0.5～1.0 毫米，体色褐红，后部黄绿色（图 1-2）。

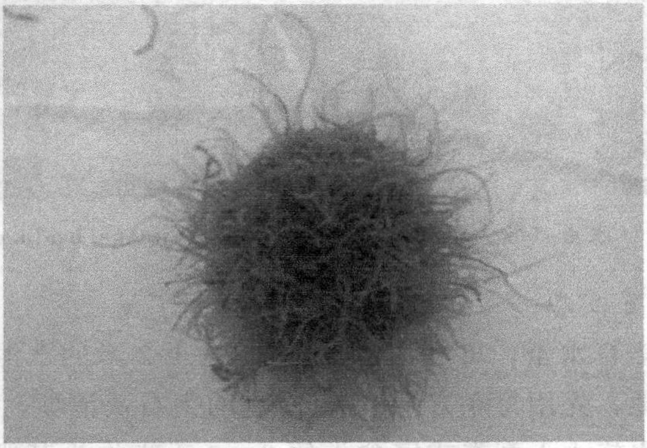

图 1-2　丝蚯蚓（放大清晰图，引自 http：//image. baidu. com/）

1. 生活习性

丝蚯蚓生活在污水中，喜欢偏酸性、富有机质、水流缓慢或静水的淡水水域。水蚯蚓雌雄同体，异体受精，一年四季都可引种繁殖，温度高时繁殖较快，一年中以 7～8 月、水温在 28℃以上繁殖最快，产茧最多，孵化率最高。水蚯蚓生殖常有群聚现象。蚓茧孵化期在 22～32℃时一般为 10～15 天，一般引种后 15～20 天即有大量幼蚯蚓密布土表。刚孵化出的幼蚓体长 6 毫米左右，像淡红色的丝线。当见水蚯蚓环节明显呈白色时即达性腺成熟。

2. 养殖方式

人工培育丝蚯蚓可利用小的坑塘，也可以选择水源良好的地方建池。池宽1米、长5米、深20厘米，池底敷三合土，池两端设一排水口、一进水口。培育丝蚯蚓前先制备培养基，一般方法是选择有机质腐碎屑丰富的泥作培养基原料并加入发酵好的牛粪、猪粪及甘蔗渣或稻糠6～10千克/米^2，培育基的厚度以10厘米为宜，然后注水浸泡。下种前每平方米再施入米糠、麦麸、面粉各1/3的发酵混合料150克。蚓种的投放密度为250～500克/米^2。

培育池的水保持3～5厘米为好，并保持细水长流，防止水源受污染，并保持水质清新和丰富的溶解氧。水蚯蚓适宜在pH值5.9～9.0的范围内生长，因此应注意不可施用过多的生石灰。进、出水口最好设牢固的过滤网布，以防止小杂鱼等进入。但投饵时应停止进水，每3天投喂1次饵料即可，每次投喂量以0.5千克/米^{2}精饲料与2千克牛粪稀释均匀泼洒，投喂的饲料最好经半个多月发酵。

3. 繁殖

水蚯蚓繁殖力强、生长速度快，在繁殖高峰期每天繁殖量为水蚯蚓种的1倍多，在短时间内可达相当大的密度。一般在下种30天左右就可采收。采收方法是前1天断水或减少水流，迫使培育池中缺氧，此时水蚯蚓群聚成团漂浮水面，就可用24目的聚乙烯网布做成的长柄抄网捞取。每日捞取量不宜过大，以捞完成团的水蚯蚓为止，一般日采收量每平方米50～100克。

三、蚯蚓

蚯蚓又名地龙。据分析，蚯蚓干物质中含粗蛋白60%左右、粗脂肪8%、碳水化合物14%左右，是肉食性水产动物的优质鲜活饵料（图1-3）。

1. 生活习性

蚯蚓是一种夜行性动物，喜静怕光，白天栖息在潮湿、通气

图 1-3　蚯蚓（引自 http：//image. baidu. com/）

性良好的土壤中，栖息深度一般在 10～12 厘米，夜晚出来活动觅食。蚯蚓对周围环境十分敏感，适于生活在温度 15～25℃、相对湿度 60%～70%、pH 6.5～7.5 的土壤中，条件不适宜时会爬出逃走。蚯蚓的饲料主要是土壤中的有机质和腐烂的落叶、枯草、蔬菜碎屑、作物秸秆、畜粪等。蚯蚓为雌雄同体，异体交配，一般 4～6 月龄性成熟，1 年可产卵 3～4 次，寿命为1～3年。

2. 种蚓来源

目前可供培养的良种有大平 2 号、北星 2 号、赤子爱胜蚓（红蚓）等，也可用野生蚯蚓培育。野生蚯蚓的收集方法很多，可以用锄头和钉耙挖掘，在洞穴口灌水和清晨天亮前蚯蚓出洞时捕捉。

3. 饲料

蚯蚓人工养殖需要喂一定的饲料，其中以粪料占 60%、草料占 40%左右的粪草混合调料为好。粪料如牛粪、马粪、猪粪、羊粪、兔粪、鸡粪、人粪、污泥及腐烂的水果、蔬菜等，草料主要是植物秸秆、茎叶、杂草、垃圾等，其中以牛粪和稻草效果最佳。

蚯蚓的混合饲料，必须经过充分发酵腐熟才能投喂。发酵前先将饲料中的杂质除去。粪料捣碎，草料切短，按比例加水拌匀，含水量达到堆积后堆底边有水流出为止，最后在堆外面用塘泥封好，或覆盖塑料薄膜保温。3～4天后堆内温度可达70～80℃，待温度由高峰开始下降时，要翻堆进行第2次发酵，使之充分发酵腐熟，达到无臭味、酸味，质地松软不沾手，颜色为棕褐色，然后摊开放置。

4. 养殖方式

（1）箱养　用旧木箱或自制规格为40厘米×60厘米×20厘米左右的箱子，箱内先装10厘米厚的菜园土，然后加10厘米厚的腐熟的混合饲料，使其所含水分保持在60%左右。投放蚓种100～200条，饲养2～3个月即可大量繁殖，并开始分箱。

（2）砖池养殖　室内外均可建池，池长2米、宽1米、高0.2米。养殖床放入腐熟的混合饲料，保持含水率60%，放入蚯蚓1000～2000条。

（3）地槽养殖　在房前屋后选择地势稍高不积水的地方，挖长3～4米、宽1米、深0.3～0.4米的槽，底层放腐熟的混合饲料，浇水后放入蚯蚓1000～2000条。表层用麦秸或稻草覆盖，经常浇水，保持适宜湿度。

5. 饲养管理

在一般条件下，蚯蚓放养密度每平方米1500条左右，赤子爱胜蚓每平方米2000～3000条。将蚓种放入基料内，使其大量繁殖，每隔1～15天即可收取蚯蚓，但每次收蚓量不宜过高，以利不断繁殖。在每平方米饲养蚯蚓8000条左右的面积上，加喂上述发酵饲料厚度为18～20厘米，20天左右加喂1次。一般将陈料连同蚯蚓向一方堆拢，然后在空白面上加料，1～2天后蚯蚓会进入新鲜堆料中，与卵自动分开，陈料中含有大量卵包，收集后另行孵化。培养蚯蚓的饵料经过粪化后，即将新的饵料撒在原饵料之上，厚5～10厘米，经1～2昼夜，蚯蚓均可进入新的饵料层中采食和活动。如此重复数次，饵料床厚度不断增加，须不停地进行翻动，以免底部积水或蚓茧深埋底部。饲养蚯蚓的管理工作包括以下几个方面

(1) 通气　因蚯蚓耗氧量较大，需经常翻动料床使其疏松，或在饵料中掺入一定量的杂草、木屑。

(2) 保温　料床温度经常保持20～25℃，pH 6.5～7.8。蚓茧的最佳孵化温度为20℃左右。

(3) 保持湿度　蚯蚓能用皮肤呼吸，需保持一定湿度，但又怕积水，一般每隔3～5天浇水1次，使料床绝对湿度控制在40%～50%，底层积水1～2厘米为宜。

6. 采收

蚯蚓的采收可用光照驱赶法和干燥逼驱法。

(1) 光照驱赶法　即用强光照射养殖床，逐渐由上而下刮去蚯蚓和饲料，使蚯蚓逃至下层，然后可收集。

(2) 干燥逼驱法　在收取前对旧料停止洒水，使之比较干燥，然后将旧料堆集在中央，在两侧堆放少量适宜湿度的新饲料，约经2天后蚯蚓都进入新料中，这时取走旧料，翻倒新料即可捕捉。

四、黄粉虫

黄粉虫俗称面包虫。据分析，黄粉虫含蛋白质47.63%、脂肪28.56%、碳水化合物23.76%。黄粉虫养殖技术简单、成本低，1.5～2千克麦麸即可生产0.5千克黄粉虫，因而是一种良好的活饵料。

1. 生物学特征

黄粉虫的卵呈乳白色，蚕茧形，长径1～1.2毫米，短径

0.6～0.8毫米（图1-4）。其幼虫也呈乳白色，长0.5～0.6毫米，蜕皮17次左右后变成蛹。蛹为淡黄棕色，体长15～20毫米。成虫体长14～19毫米，初羽化出的成虫呈白色，逐渐转为黄棕色、深棕色，2～3天后转化为黑色，有光泽。成虫头小，有一对黑色颚，一对较长的触角为其感觉器官。头部两侧有一对黑色单眼。胸部有前翅、后翅，鞘翅背面有明显的纵行条纹，静止时覆盖于后翅之上。

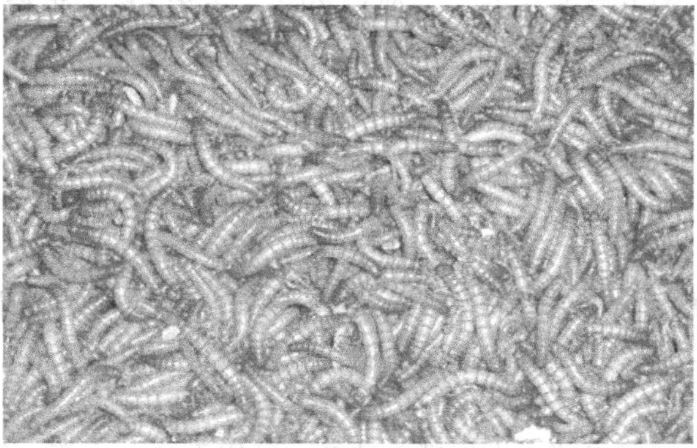

图1-4　黄粉虫（引自 http：//image. baidu. com/）

2. 生活习性

黄粉虫在0℃以上可安全越冬，10℃以上可以活动吃食。适宜温度为19～30℃，最适相对湿度为78%～85%。在过度干燥的情况下，幼虫特别是成虫有互相残食的习性。黄粉虫幼虫和成虫昼夜均能活动摄食，但以黑夜较为活跃。成虫虽然有翅，但绝大多数不飞跃。成虫寿命一般为20～100天。成虫羽化后4～5天开始交配产卵。交配时雄虫爬到雌虫背上进行交尾，一生中可多次交配，多次产卵。卵的孵化时间随温度高低差异很大，在10～20℃时需20～25天可孵出，25～30℃时只需4～7天可以孵出。

幼虫需75～200天体长可达30毫米，体粗8毫米。低于10℃极少活动，低于0℃或高于35℃则有被冻死或热死的危险。幼虫很耐旱。未眠幼虫化为蛹，蛹期时间较短，温度在10～20℃时15～20天可羽化，25～30℃时6～8天可羽化。

3. 饵料

黄粉虫属杂食性，它的饲料有五谷杂粮及糠麸、果皮、菜叶等。人工饲养主要喂食麦麸、米糠和菜叶等。幼虫、成虫的基础混合饵料配方为麦麸45%、面粉20%、玉米6%、鱼粉3%、玉米黄粉26%，另加少量多种维生素、无机盐。

4. 养殖方式

(1) 室内养殖　一般作饲养室的房间要求门窗南北朝向，通风透光，夏凉冬暖。室内放置饲养架，架高1.6米，3～4层，每层长1.3～2米、宽0.6～1米，每层之间的间隔为0.3～0.5米。用镀锌铁皮或木料做成40厘米×50厘米×80厘米的方盘(或饲养槽)，方盘上方罩以纱网，以防幼虫、成虫爬出。方盘置于饲养架上。

(2) 容器养殖　小规模养殖者，可用面盆、木箱、纸箱、瓦盆等在阳台上或床下养殖。容器太粗糙的，在内壁用蜡光纸裱贴即可防止黄粉虫爬出。

5. 饲养管理

(1) 种成虫　在方盘或饲养槽中放一层厚约4厘米的基础混合饲料，在饲料表面铺一层筛孔直径为3毫米的筛网，筛网上再放一层厚约5毫米的基础混合饲料。这样成虫既能通过筛孔取食，又能把卵产在筛网下的饲料中，避免了成虫吃卵。为适应成虫在避光处产卵的活动习性，可用黑布把方盘或饲养槽罩起来。选择体大、翅全的成虫，放入饲养方盘中。雌雄配比为1∶2。饲养密度一般为1800只/米^{2}左右。

每天定时往方盘中加入新鲜蔬菜叶、瓜片，同时把吃剩的残余菜叶拣走。每隔 4 天将已产卵的成虫及筛网取出，投放已备好饲料的另一个饲养方盘中，让成虫继续产卵。

（2）虫卵的收集 把混有虫卵的基础混合饲料放入筛孔直径为 1 毫米以下的筛网中过筛，虫卵及小部分较粗的饲料即集中在筛网上面，把筛网上面的虫卵及部分饲料集中，按每平方米 800～1000 粒虫卵的密度，投入已备有基础混合饲料的方盘中，让卵自然孵化。

（3）幼虫 当幼虫孵化出来后，即可往基础混合饲料中加入蔬菜叶、瓜片来饲养，幼虫每隔数天蜕皮 1 次。随着幼虫个体的增大，可逐渐增加基础饲料的投放量，以增大虫体的取食和活动范围，使幼虫生长速度加快。同时，饲养密度应逐渐减少。

虫龄与饲养密度的关系是，1～3 周龄 8～10 只/厘米^2，4～6 周龄 5.5 只/厘米^2，7～9 周龄 4 只/厘米^2，10～13 周龄 3 只/厘米^2，14 周龄以上 1.7 只/厘米^2。

幼虫长到 2.0～2.5 厘米时，即可收获用作动物饲料。根据幼虫避光与趋湿的习性，可在基础混合饲料的表面盖上湿毛巾，再在毛巾上盖上一张黑纸或其他深色的布片，1～2 小时后幼虫即聚集在混合饲料的表面，此时即可从中拣出大的备用。如欲取出饲养方盘中所有的幼虫，可把基础饲料及幼虫一并倒入一个筛网中过筛。

（4）蛹 幼虫长到第 70～80 天后陆续化蛹。老龄幼虫刚化蛹时必须及时拣出，以免被幼虫咬食，并按化蛹的先后日期，分批放在饲养方盘内，让其在自然状态下度过蛹期。为了避免蛹失水过多，提高羽化率，可在蛹上面盖几片蔬菜叶或瓜片。蛹羽化成成虫后，应按羽化日期的先后，分批收集放在饲养方盘中饲养。

（5）饲料虫的处理 除留种的虫外，幼虫、蛹、成虫均可作为活饵料和干饲料，一般来说，以喂 15 毫米以上的幼虫为宜。

五、福寿螺

福寿螺又名苹果螺（图 1-5），可食部分蛋白质含量达 29.3%，还含有丰富的胡萝卜素、维生素 C 和多种矿物质。

图 1-5 福寿螺（引自 http://baike.sogou.com/）

1. 养殖方式

福寿螺个体生长快，繁殖力强，产量高，一般每公顷产量可达 22500～30000 千克，福寿螺对养殖条件要求不高，水深 1 米以内的鱼池、坑塘、沟渠、低洼地都可饲养，以食植物性青饲料为主，也食麦麸等精饲料。

2. 养殖要点

① 在养殖水域要插一些竹片、条棍等，高出水面 30～50 厘米，供其吸附产卵繁殖。

② 在整个饲养阶段特别是幼螺阶段，饲料不能间断，所投饲料要求新鲜不变质，以傍晚投饲为宜，每天投喂量约为螺体总量的 10%。

③ 饲养水域要求水质清新，若没有微流水经常注入的饲养池，最好每隔 3～5 天冲水 1 次。

④ 当水温降到12℃左右时，开始越冬保种工作。越冬方法有干法越冬和湿法越冬两种。

a. 干法越冬：先将螺捞起用净水冲洗干净，放在室内晾干，3～5个月后剔除破壳螺和死螺，然后装入纸箱中越冬。装箱时，为了给螺创造一个干燥的环境和防止挤压外壳，应放一层螺，垫一层纸屑或刨花，然后捆好，放在2～3℃条件下，通风干燥即可。待来年水温上升到15℃以上时，把螺放回水中，螺即伸出头足活动、觅食。

b. 湿法越冬：在室内空闲地方设置水池，把螺放入水池中，保持水温在4℃以上可安全越冬。在我国南方地区可在饲养池中越冬。

第二章

淡水鱼类配合饲料添加剂

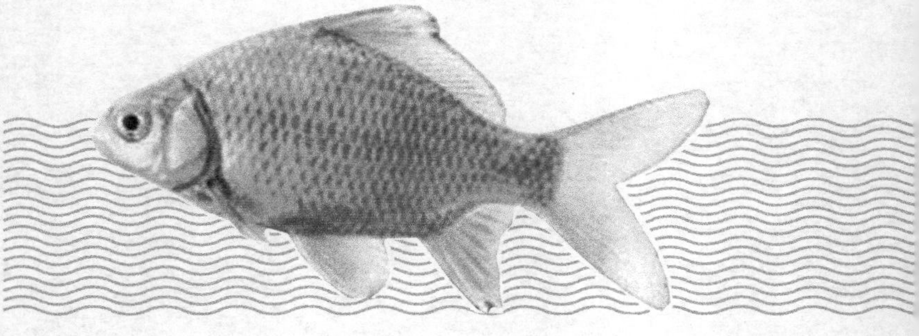

第一节

概述

一、饲料添加剂

饲料添加剂是指为了某种特殊需要而添加于饲料内的某种或某些微量物质。其主要作用是补充配合饲料中营养成分的不足，提高饲料利用率，改善饲料口味，提高适口性，促进水产动物正常发育和加速生长，改进产品品质，防治鱼、虾疾病，改善饲料的加工性能，减少饲料储藏和加工运输过程中营养成分的损失。

饲料添加剂必须满足以下条件。

① 长期使用或在使用期间对动物不会产生任何毒害作用和不良影响。

② 必须具有确实的作用，产生良好的生产效果和经济效益。

③ 在饲料和动物体内具有较好的稳定性。

④ 不影响水产动物对饲料的适口性和对饲料的消化吸收。

⑤ 在动物体内的残留量不得超过规定标准，不得影响动物产品的质量和危害人体健康。

⑥ 选用的化工原料，其中所含的有毒金属含量不得超过允许的安全浓度；其他原材料不得发霉变质，不得含有毒物质。

⑦ 维生素、酶等生物活性物质不得失效或超过有效期限。

饲料添加剂的选用要安全、经济、使用方便，还要注意添加剂的效价、有效期，以及限用、禁用、配伍禁忌、用量、用法等有关事项的规定。

二、添加剂预混合饲料

添加剂预混合饲料，简称添加剂预混料，是指一种或多种饲料添加剂与载体或稀释剂按一定比例配制的均匀混合物。

在全价配合饲料中常常添加几十种微量成分，每种用量极少，大多以百万分之几来计算。这些微量成分直接加入饲料，不仅配料麻烦，称量难以准确，而且很难保证混合均匀，致使效果不好；此外，有的微量成分（如硒），既是动物必需的营养物质，又是剧毒物质，混合不匀就会造成中毒事故。因此，需要在饲料添加剂中加入适合的载体或稀释剂以制成不同浓度、不同要求的添加剂预混合饲料。

预混合饲料分为单项预混合饲料和综合性预混合饲料。前者如维生素预混合料、微量元素预混合料等；后者是将两类以上的微量添加剂（如维生素、促生长剂及其他成分）混合在一起的预混合料。

使用预混合饲料有以下优点。

① 有利于标准化。对各种添加剂活性、使用浓度等的表示都可标准化，有利于配合饲料的生产与应用。

② 配料速度快，精度高，混合均匀度好。

③ 添加剂预混合饲料在配制时已注意到其稳定性、静电感应及吸湿结块等问题，使用预混合饲料可以防止这些现象的发生。

三、饲料添加剂的分类

饲料添加剂分为三大类，即营养性添加剂、药物添加剂和改善饲料质量添加剂。一般根据添加的目的和作用机理，把饲料添加剂分为两大类，即营养性添加剂和非营养性添加剂。

一种饲料不可能具备淡水鱼类所需要的所有营养成分，即使全有，有的成分量也不足。因此，需要多种饲料配合在一起以互补余缺。但即使配合多种饲料，仍会有某种营养成分不足，不能满足生长的需要，必须另外补充，如氨基酸、维生素、矿物质等，这些物质即为营养性添加剂。

在饲料主体物质成分之外，添加一些它所没有的物质，从而可帮助消化吸收、促进生长发育、保持饲料质量、改善饲料结构等，这些物质就是非营养性添加剂。国际饲料命名分类法所指的饲料添加剂即指此而言。非营养性添加剂根据使用的目的和作用又可分为以下几类。

① 保持饲料效价的添加剂，如抗氧化剂、防霉剂等。

② 促进生长的添加剂，如喹烯酮、三十烷醇等。

③ 促进摄食、消化吸收的添加剂，如诱食剂、酶制剂、微生态制剂等。

④ 改善品质的添加剂，如着色剂等。

⑤ 保持饲料结构稳定的添加剂，如黏合剂。

⑥ 防治淡水鱼类疾病的药用添加剂，如中草药。

四、饲料添加剂的作用

饲料添加剂的作用有以下几个方面。

① 强化与补充饲料中营养素的作用，使配合饲料中的营养成分含量及其比例更加科学及完善，从而使配合饲料组成更加全价，如氨基酸强化剂、维生素强化剂、矿物质强化剂等都起到这方面的作用。

② 使饲料起到预防淡水鱼类疾病、增强免疫功能的作用，如药物添加剂。据研究，在草鱼配合饲料中加入复方中草药添加剂，可有效地预防草鱼肠炎、烂鳃、出血等疾病，使成活率大大提高。

③ 提高生长及繁殖率，提高饲料利用率，这是添加剂的综合效应。有很多添加剂同时具有防疫与促生长作用。添加剂一般可提高动物增重率15％～20％，提高饲料利用率10％～15％。

④ 保护与改善饲料品质作用。具体可分为以下几个方面。

a. 防止或减少饲料（原料及产品）在加工、储藏及运输过程中发生的霉变、酸败、氧化、褐变等作用而造成的营养物质的损失。防霉剂、抗氧化剂都有这方面的作用。

b. 增加饲料的风味或色泽，从而提高动物对饲料的食欲及采食量。有的在增加风味和色泽上对动物没有用处，只是提高饲料的商品价值，如观赏鱼增色用的色素。

c. 便于饲料加工与混合及使用时添加方便，如稀释剂。

d. 增强饲料在水中的稳定性，如淡水鱼类饲料专用黏合剂。

e. 改善动物产品的质量，使动物产品中有益组分向人类需要转化，无益组分得以减少。

以上是指添加剂对淡水鱼类体自身的作用。对于生产者而言，添加剂的作用应予以正确认识。

1. 添加剂具有提高经济效益的作用

一种配合饲料质量的好坏，不仅取决于主要营养成分的合理搭配，还取决于是否加添加剂以及添加剂的质量。在配合饲料中，加与不加添加剂，其饲喂效果大不相同。试验一是添加两种淡水鱼复合预混料网箱养殖鲤鱼的对比试验情况。

试验一　淡水鱼复合预混料的饲喂效果报告

1. 试验目的

检验1.2％、2.2％淡水鱼用复合预混料饲喂鲤鱼的生长效果和经济效益。

2. 材料与方法

2.1　试验材料

2.1.1 试验场地：试验在肥城市湖屯镇国家庄养殖场进行，试验池塘面积 33360 平方米（278 米×120 米），水深 1.8～2.0 米，水源为地下水。

2.1.2 试验时间：2011 年 6 月 22 日至 9 月 7 日，共 76 天。

2.1.3 试验鱼种：为一冬龄、池塘培育的鲤鱼种，选择规格整齐、体质健壮的鱼种经消毒后装箱。

2.1.4 试验饲料：基础饲料主要由进口鱼粉、膨化豆粕、肉粉、花生饼、棉仁蛋白、菜粕、米糠粕、麸皮、次粉和豆油组成。对照组 C0 号添加 1%的市售淡水鱼复合预混料+1%的磷酸氢钙+0.2%的沸石粉；试验组 D1 号添加由济南金三沅饲料有限公司生产的 1.2%淡水鱼复合预混料+1%的磷酸氢钙，试验组 D2 号添加由济南金三沅饲料有限公司生产的 2.2%淡水鱼复合预混料。各组饲料配方见表 2-1。

表 2-1 试验饲料配方表

原　料	对照组(C0)	实验组(D1)	实验组(D2)
进口鱼粉/%	5.0	5.0	5.0
肉粉/%	9.0	9.0	9.0
膨化豆粕/%	13.0	13.0	13.0
花生饼/%	5.0	5.0	5.0
棉仁蛋白/%	4.0	4.0	4.0
菜粕/%	20.0	20.0	20.0
米糠粕/%	5.8	5.8	5.8
玉米胚芽粕/%	13.0	13.0	13.0
麸皮/%	12.0	12.0	12.0
次粉/%	10.0	10.0	10.0
豆油/%	1.0	1.0	1.0
磷酸氢钙/%	1.0	1.0	0.0
沸石粉/%	0.2	0.0	0.0
淡水鱼预混料/%	1.0	1.2	2.2
合计/%	100.0	100.0	100.0

2.2 试验方法

2.2.1 试验设计

采用规格为2米×2米×1.5米聚乙烯网箱9个，每3个为一组，每组投喂同一种配方饲料。每组一排，箱距5米，排距20米，每排交错置于池塘内，箱身高出水面20厘米。具体每箱放养情况见表2-2。1#～3#箱使用C0号对照饲料；4#～6#箱使用D1号试验饲料；7#～9#箱使用D2号试验饲料。

表2-2 各组网箱的鲤鱼种放养情况

组别	对照组C0			试验组D1			试验组D2		
网箱编号	1	2	3	4	5	6	7	8	9
放养总重/千克	75.0	75.2	74.6	75.3	74.8	75.1	74.8	74.6	75.4
放养尾数/尾	250	250	250	250	250	250	250	250	250
平均尾重/克	300.0	300.8	298.4	301.2	299.2	300.4	299.2	298.4	301.6

2.2.2 饲料营养分析

饲料的分析方法参照《饲料粗蛋白质测定法》（GB/T 6432—1994)、《饲料粗脂肪测定法》(GB/T 6433—2006)、《饲料粗纤维测定法》(GB/T 6434—2006)、《饲料钙测定法》(GB/T 6436—2002)、《饲料总磷量测定法-光度法》（GB/T 6437—2002)、《饲料粗灰分测定法》（GB/T 6438—2007）进行测定。饲料的营养成分含量见表2-3，营养成分中各项指标差异不显著($p \geqslant 0.05$)。

表2-3 饲料营养成分含量

营养指标	对照组C0	试验组D1	试验组D2
粗蛋白质/%	33.39	33.39	33.39
粗脂肪/%	3.97	3.97	3.97
粗灰分/%	6.21	6.21	6.21

续表

营养指标	对照组 C0	试验组 D1	试验组 D2
水分/%	9.50	9.50	9.50
钙/%	0.87	0.86	0.75
总磷/%	1.20	1.25	1.18
赖氨酸/%	1.61	1.61	1.61
蛋氨酸/%	0.84	0.84	0.84

2.2.3 饲养管理

箱内人工投饵，日投4次。投饵遵循“四定”原则，及时捞出死鱼并记录，记录每天每箱用料量。每0～15天清洗鱼箱1次，防病及日常管理遵循正常池塘养鱼管理办法。

3. 试验结果

从2011年6月22日至9月7日的76天试验中，严格按照无公害水产养殖操作规程进行，鱼病得到较好的控制。各网箱鱼的产量、成活率、饲料系数等指标见表2-4。

表2-4 各网箱的产量、成活率及饲料系数等指标测定结果

组 别	对照组 C0			试验组 D1			试验组 D2		
网箱编号	1	2	3	4	5	6	7	8	9
毛产量/千克	259.2	263.0	259.8	271.1	271.1	272.3	276.4	275.4	284.0
净增重/千克	184.2	187.8	185.2	195.8	196.3	197.2	201.6	200.8	208.6
成活率/%	94.0	96.0	96.0	98.0	98.0	100	98.0	96.0	100.0
平均成活率/%	95.3^{b}			98.7^{a}			98.0^{a}		
平均尾重/克	783.8	782.5	771.7	799.2	801.2	788.8	822.9	836.7	834.4
投饲总量/千克	377.5	388.0	385.0	358.5	360.5	365.0	344.0	340.5	346.0
饲料系数	2.17	2.07	2.09	1.83	1.84	1.85	1.71	1.70	1.66
平均饲料系数	2.11^{c}			1.84^{b}			1.69^{a}		

注：表中a、b、c表示实验组与对照组的平均成活率、平均饲料系数有显著性差异。

试验组与对照组饲料生产每千克鱼的饲料成本比较见表2-5。

表2-5　各组饲料生产每千克鱼的饲料成本

组　别	对照组C0	试验组D1	试验组D2
饲料价格/(元/千克)	3.60	3.72	3.90
饲料成本/(元/千克鱼)	7.60	6.84	6.59

4. 结果分析

4.1　成活率的比较

从表2-4可以看出，D1和D2两试验组鱼的成活率均在98%以上，显著高于对照组C0的95.3%（$p \leqslant 0.05$）；但D1和D2两试验组之间无显著性差异（$p \geqslant 0.05$）。

4.2　饲料系数的比较

从表2-4可以看出，试验组D2的平均饲料系数最低，为1.69，显著低于试验组D1的平均饲料系数为1.84和对照组C0的2.11（$p \leqslant 0.05$），分别比试验组D1和对照组C0降低8.15%和19.90%。而试验组D1与对照组C0相比，差异也比较显著（$p \leqslant 0.05$），同比降低12.8%。说明本公司生产的淡水鱼复合预混料具有明显的促进生长、降低饲料系数、提高饲料报酬作用。

4.3 千克鱼饲料成本比较

从表2-5可以看出，试验组D2生产千克鱼的饲料成本最低，为6.59元，低于试验组D1的6.84，更低于对照组C0的7.60。试验组D2和D1的千克鱼饲料成本分别比对照组C0降低13.3%和10.0%。说明本公司生产的淡水鱼复合预混料可降低饲料成本，使养殖者获得更高的经济效益。

5. 结论

通过该试验说明，1.2%、2.2%淡水鱼复合预混料具有显著的促进生长、降低饲料系数、提高饲料效率和降低饲料成本的作用，能给养殖户带来可观的经济效益。

2. 添加剂不能取代其他营养素

饲料添加剂虽然具有重要的作用，但添加剂都具有专一性，而且在一定条件下才能发挥作用。特别是饲料中蛋白质、脂肪、糖类、能量起着主导作用，配合饲料中只有在蛋白质、脂肪、糖类及能量得到基本满足时，使用添加剂才能有好的效果。添加剂能起到提高饲料转化率和节约蛋白质作用，但添加剂不能代替蛋白质饲料和能量饲料。因此，在配制淡水鱼类饲料时，必须首先满足淡水鱼类对饲料中蛋白质、脂肪、糖类等基本需求的前提下，再添加添加剂，才能使饲料的营养完全。

第二节

营养性添加剂

一、氨基酸

配合饲料所用的主要原料是鱼粉、饼粕类及麦麸、玉米粉等。这些原料所含的赖氨酸、蛋氨酸较少，不能满足鱼、虾生长的需要，被称为限制性氨基酸。为了使饲料中的氨基酸谱能符合淡水鱼类的营养需求，常常在饲料中以游离状态加入某种限制性单体氨基酸。

1. 添加游离态氨基酸

在实际配合饲料中，其氨基酸谱并不都和淡水鱼类的氨基酸谱一样，往往一种或数种氨基酸的含量不足。因此，需把所缺少的那种氨基酸添加到饲料中去。但是，并非所有的淡水鱼类都能同样有效地利用游离态氨基酸。

鲑科鱼类能利用游离态氨基酸。例如，用一种玉米醇溶蛋白、明胶为蛋白源的饲料添加游离态赖氨酸和色氨酸后喂养硬头鳟，对比未添加游离态氨基酸的饲料，其增重和蛋白质利用率都要增高许多。实验表明，在含有鱼粉、肉骨粉、酵母和豆饼作为蛋白源的饲料中，添加胱氨酸和色氨酸，其营养价值可得到提高。

但是，也有些鱼类不能利用游离态氨基酸。例如，把斑点叉尾鮰饲料中精氨酸的水平从每千克饲料11克增到17克，则显著地促进增重；而在酪蛋白中加入等量的游离态精氨酸、胱氨酸、色氨酸和蛋氨酸，则对生长和饲料转化率的影响很小。

张玲等（2012）对饲料中添加不同形式蛋氨酸对鲤鱼生长及免疫指标的影响试验，以鱼粉、豆粕、菜粕和棉粕为主要蛋白源配制基础饲料，选用3种氨基酸添加剂［晶体蛋氨酸（有效含量99%）、脂类微胶囊蛋氨酸和淀粉微胶囊蛋氨酸］。在基础饲料中各添加上述蛋氨酸，使各组饲料的蛋氨酸含量为0.2%，投喂平均规格为20克/尾的鲤鱼幼鱼34天，结果表明，增重率只有添加脂类微胶囊蛋氨酸的实验组与对照组相比有显著性差异（$p<0.05$），而添加晶体蛋氨酸和淀粉微胶囊蛋氨酸的实验组与对照组相比差异不显著（$p>0.05$）。其中，添加脂类微胶囊蛋氨酸组的鲤鱼增重率最高为128.05%，与对照组相比提高了14.46%。这说明，在鲤鱼幼鱼配合饲料中添加晶体蛋氨酸或淀粉微胶囊蛋氨酸是无效的，而添加脂类微胶囊蛋氨酸可以起到一定效果。

2. 氨基酸添加剂的选用

天然存在的氨基酸多为L型，D型很少，合成的多为L型与D型各占50%的混合物，即消旋型。L型氨基酸能直接被动物利用，而D型则不易被利用。饲料用氨基酸应选用L型或DL型。

常用的氨基酸添加剂主要有赖氨酸和蛋氨酸。饲料中的赖氨酸有两种，一种是能被动物利用的有效赖氨酸，另一种是其氨基被结合的不能被利用的赖氨酸，前者居多数，而后者较少。因此，赖氨酸的添加应考虑饲料原料中有效赖氨酸的含量。在饲料工业中使用的蛋氨酸有两类，一类是粉状 L-蛋氨酸或 DL-蛋氨酸，另一类是 DL-蛋氨酸羟基类似物及其钙盐。配合饲料中常用的赖氨酸为 L-赖氨酸或 L-盐酸赖氨酸，饲料用 L-盐酸赖氨酸的纯度不得低于 98.5%，其中纯赖氨酸含量为 78.8%。

添加限制性氨基酸必须注意，要准确掌握配合饲料中各种饲料原料的必需氨基酸含量；要严格控制添加量，任何氨基酸的过剩或不足，都会产生不利影响；添加时，首先要满足第一限制性氨基酸的需要，其次再满足第二限制性氨基酸的需要，否则不会产生良好效果。

使用赖氨酸和蛋氨酸作为添加剂，为使其在配合饲料中能均匀混合，可用载体预先混合。常用的载体有脱脂米糠、麸皮、玉米粉等，氨基酸与载体之比约为 2∶8。

氨基酸在使用中要妥善保管，库房要通风干燥，要注意避光、防潮、防高温、防虫害，以免氨基酸在储存中变质。包装开封后的氨基酸要一次用完，用不完时，要扎紧包装或密封。

二、维生素

维生素是人和动物为维持正常的生理功能而必须从食物中获得的一类微量有机物质，在人体和动物体的生长、代谢、发育过程中发挥着重要的作用。维生素是维持机体正常代谢和机能、是人或动物营养上所必需的一类低分子有机化合物，大多数维生素是某些酶的辅酶（或辅基）的组成部分。它是动物体六大营养要素之一，大多数必须从食物或饲料中获得，仅少数可以在体内合成或由肠道微生物产生。维生素的种类较多，按其性质和作用可分为两大类，即脂溶性维生素（易溶解于油脂中）和水溶性维生素（易溶解于水中）。脂溶性维生素有维生素A、维生素D、维生素E、维生素K；水溶性维生素有维生素B_1、维生素B_2、维生素B_6、维生素B_{12}、维生素C、烟酸、肌醇、泛酸、生物素、叶酸和胆碱等，其中，维生素B_1、维生素B_2、维生素B_6、维生素B_{12}、烟酸、泛酸、生物素、叶酸等水溶性维生素的需求量相对较少，其主要是作为辅酶，被叫作B族维生素。

1. 脂溶性维生素

(1) 维生素A（视黄醇） 维生素A是一个具有β-白酯酮环的不饱和一元醇，有维生素A_1、维生素A_2两种，维生素A_2比维生素A_1在白酯铜环的C_3上多了一个双键，更不稳定。维生素A在胃内不被吸收，而是在小肠与胆汁酸酯分解产物一起被乳化，由肠黏膜吸收。

维生素A具有多种功能，如促进黏多糖合成，维持细胞膜及上皮组织的完整性和正常的通透性，而且还参与构成视觉细胞膜内的感光物质——视紫红质，对维持视网膜的感光性有很重要的作用。

根据来源可分为天然的和人工合成的两类，天然的主要来源于动物的肝脏，植物体内不含维生素A，但含有与其具有相似结构的类胡萝卜素，如α-胡萝卜素、β-胡萝卜素、γ-胡萝卜素，经动物摄食后，在肠黏膜细胞和肝脏内的胡萝卜素酶的作用下，可以转变为有活性的维生素A，但不同淡水鱼对其利用效果大不相同，其中β-胡萝卜素的活性最高，可以裂解为两分子的维生素A，因此成为维生素A原；人工合成的如维生素A乙酸酯、维生素A棕榈酸酯常作为饲料添加剂应用于生产中。

维生素A有油剂和粉剂两种，考虑到其化学性质活泼，易被氧化，可以对其进行包膜制成微粒胶囊或微粒粉剂。微粒胶囊外层是具有严密保护作用的隔膜，可以保证维生素A与外界空气和光线的接触，因此，此方法制得的维生素 A 制剂化学性质稳定，也是常用于饲料的添加剂。

（2）维生素 D　维生素 D 在化学组成上属于固醇类衍生物，具有抗佝偻病的作用。主要有维生素 D_2（麦角钙化醇）和维生素 D_3（胆钙化醇）两种，动物皮肤中的 7-脱氢胆固醇（维生素 D_3原）和植物中的麦角固醇（维生素 D_2原）经紫外线照射都可转变为维生素 D_3、维生素 D_2，动物体内的维生素 D_3经一系列的吸收、转运和转化最终在肾脏转变为 1，25-二羟胆固醇，再通过血液运输至肠道和骨骼发挥作用。

在淡水鱼类体内维生素 D_3活性远大于维生素 D_2，且维生素 D_3的稳定性也较好，因此，常用维生素 D_3作为淡水鱼类的饲料添加剂。但在饲料加工过程中，其也容易被高温、潮湿及矿物元素破坏而失效，所以也要进行防氧化和包被处理。

（3）维生素 E　维生素 E 又被称为生育酚，具有一定的酸和热的稳定性，对碱不稳定，易被氧化，具有抗氧化的功效。在饲料加工过程中，维生素 E 有添加包被和不包被的两种形式，不包被的用于抗氧化作用，保护其他类型的维生素，包被的则用于补充动物的营养需求。维生素 E 有油剂、粉剂两种形式，一般市售维生素 E 为 DL-α-生育酚乙酸酯油剂加入适当吸附剂制成，含生育酚醋酸酯 50%。

（4）维生素 K　维生素 K 是一类醌类化合物，具有凝血功能，因此又称凝血维生素，有三种存在方式，即维生素 K_1（叶绿醌）、维生素 K_2（甲基萘醌）、维生素 K_3（α-甲基萘醌），其中维生素 K_1是从植物中分离的，维生素 K_2是由细菌合成的，维生素 K_3是由人工合成的。

人工合成的又有三种形式，亚硫酸氢钠甲萘醌（MSB），活性物质占 52%，有刺激味，用明胶包被的商品 MSB 活性可达 50%，且稳定性好，无刺激味；亚硫酸氢钠甲萘醌复合物

(MSBC)，其与MSB的分子式相同，但为了增加甲萘醌的稳定性，加工时添加了过量的亚硫酸氢钠，因此制剂中包括较多的游离亚硫酸氢钠，使得活性成分较低（30%～40%），此制剂稳定性最好，应用广泛，常作为饲料添加剂使用；亚硫酸二甲基嘧啶甲萘醌（MPB），此制剂比MSBC更稳定，活性物质可达45.5%，但有一定毒性，应限制使用。

2. 水溶性维生素

(1) 维生素B_1　维生素B_1又叫硫胺素或抗神经炎维生素或抗脚气病维生素，在体内主要以硫胺素焦磷酸（TPP）发挥作用，是糖代谢过程的重要辅酶。生产中，由于维生素B_1具有阳离子的特性，可以让其与许多阴离子形成化合物，由其化合而成的盐酸硫酸素和单硝酸硫酸素常用于饲料添加剂，而单硝酸硫酸素的稳定性更好，在生产中应用更为广泛。

(2) 维生素B_2　维生素B_2又叫核黄素，在体内以FAD（黄素单核苷酸）和FMN（黄素腺嘌呤二核苷酸）的形式存在，FAN和FMN是许多还原酶的辅酶，可参与体内糖、蛋白质和脂肪三大营养物质的代谢。常用作饲料添加剂的主要是通过微生物发酵或化学合成核黄素，避光保存时稳定性较好，对碱极不稳定，制粒过程可损失5%～15%，膨化制粒可损失25%。

(3) 维生素B_3　维生素B_3又叫泛酸，是合成辅酶A的原料，辅酶A又是酰化作用的辅酶，可参与机体三大营养物质的代谢。泛酸对氧化剂、还原剂具有一定的稳定性，但对于热的酸、碱环境极不稳定。生产中，常用其稳定形式泛酸钙作为饲料添加剂，泛酸钙有消旋泛酸钙（DL-泛酸钙）和右旋泛酸钙（D-泛酸钙），后者活性较高，为前者的2倍。泛酸钙吸湿性强，保存时应注意防潮防结块，可添加防结块剂（如氯化钙）增加流动性。

(4) 维生素B_4　维生素B_4又叫胆碱，饲料中添加的主要是氯化胆碱，分子形式胆碱含量可达 86.8%，有液体和粉剂两种商品形式，液体制剂胆碱含量可达 70%以上，粉剂一般是液体制剂与一定量的载体（如脱脂米糠、玉米芯粉、稻壳粉）和抗结块剂制成的胆碱含量 50%的产品。氯化胆碱稳定性好，饲料加工过程损失很少，但有强吸湿性，对其他类型的维生素也具有破坏性作用，又因添加量较大，所以不需加入维生素预混料中，可直接加入饲料中。

(5) 维生素 B_5　维生素 B_5 包括烟酸和烟酸胺两种化合物，烟酸在体内转变为烟酸胺后才具有生物活性，烟酸胺是辅酶Ⅰ(NAD)（烟酰胺腺嘌呤二核苷酸）和辅酶Ⅱ（NADH）（烟酰胺腺嘌呤二核苷酸磷酸）的组成成分。NAD 和 NADH 参与氢的传递从而参与三大营养物质代谢，还可参与蛋白质的合成，DNA 的合成和修补等生物反应，对维持皮肤和消化器官的正常功能也发挥着很大作用。烟酸胺适宜与呈中性或碱性反应的氧化物配合，且具有加强的吸湿性，可用于配制液体饲料和水溶性制剂，烟酸可与呈中性或酸性反应的化合物配合，可作为颗粒和膨化饲料的添加剂，且加工过程损失量极小。

(6) 维生素 B_6　维生素 B_6 又称吡哆素，与氨基酸代谢密切相关，包括吡哆醛、吡多胺和吡哆醇三种，但前两者稳定性差，通常作为饲料添加剂的是吡哆醇的盐酸盐，吡哆醇含量为 82.3%，商品形式的吡哆醇含量在 98%以上，需干燥、避光保存，可被氯化胆碱、矿物盐及碱性物质破坏，颗粒制粒损失 5%～10%，膨化饲料损失 5%～20%。

(7) 维生素 B_7　维生素 B_7 又称生物素，在脱羧反应、羧化反应和脱氨反应中起辅酶作用，可参与三大营养物质的代谢。其化学性质较稳定，但高温和氧化剂会使其丧失活性。有八种异构体，但只有 D-生物素具有生物活性。商品生物素是生物素被一定载体（如脱脂米糠）吸附并稀释为 1%～2%含量的预混料制剂。

(8) 维生素 B_{11}　维生素 B_{11} 因广泛存在于植物的叶片中，俗称为叶酸，又名抗贫血因子。叶酸是单蝶酰谷氨酸及许多衍生物的统称，但常说的叶酸指的是单蝶酰谷氨酸，由蝶啶环、对氨基苯甲酸和谷氨酸三部分组成。

商品形式的叶酸有两种剂型，一种是药用级，粉末极细，易成团，流动性差，有效含量达95%，另一种是经一定载体吸附或包被而成的含量80%左右的粉末或胶囊制剂，以糊精作为载体制成的喷雾干燥型微粉末制剂的流动性好，饲料加工过程易扩散，包被的微囊制剂的稳定性好，且乙基纤维素的包被效果好于明胶。

(9) 维生素 B_{12}　维生素 B_{12} 因其分子中含有一个钴原子和一个氰基，又名氰钴素，是一种暗红色的结晶，在弱酸和中性环境下稳定性好，应避光保存，且不能与还原作用的维生素C配伍。商品维生素 B_{12} 的纯品有效含量可达95%以上，而用于饲料添加剂的是被载体吸附并稀释为0.1%或1%～2%的预混合粉剂。

(10) 维生素C　维生素C又名抗坏血酸，具有酸性和强还原性，因此极易被氧化剂破坏。为了改善其稳定性，市售维生素C主要有L-抗坏血酸钠（钙）(81.6%)、乙酰基包被维生素C、维生素C单磷酸盐和维生素C多磷酸盐（25%～32%），其中磷酸盐类维生素C的稳定性较好，饲料加工过程损失少，且易被淡水鱼类消化吸收。

(11) 肌醇　肌醇为环己烷衍生物，与胆碱类似。对空气、热、强酸、强碱稳定。有九种异构体，作为饲料添加剂的为无旋光性的内消旋肌醇，白色结晶或结晶粉末，有效含量达97%以上，常规条件下化学性质非常稳定。

3. 常用维生素的质量规格

许多维生素都是不稳定的物质，在饲料加工和储存中容易被破坏。因此，在制造维生素添加剂时，必须注意各种维生素的特性，进行预处理，加以保护，使之稳定。维生素的商品形式及其质量规格列于表 2-6。

表 2-6 常用维生素的商品形式及其质量规格（李爱杰，1996）

维生素	主要商品形式	质量规格	主要性状与特点
维生素 A	维生素 A 醋酸酯	100～270 万国际单位/克	油状结晶体
		50 万国际单位/克	包膜微粒制剂,稳定,10 万粒/克
维生素 D_3	维生素 D_3	50 万国际单位/克	包膜微粒制剂,稳定,<100 万粒/克
维生素 E	生育酚醋酸酯	50%	以载体吸附,较稳定
		20%	包膜制剂,稳定
维生素 K_3	维生素 K_3	94%	不稳定
		50%	包膜制剂,稳定
维生素 B_1	硫胺素盐酸盐	98%	不稳定
	硫胺素硝酸盐	98%	较稳定
维生素 B_2	核黄素	96%	不稳定,有静电性,易黏结
维生素 B_6	吡哆醇盐酸盐	98%	包膜制剂,稳定
维生素 B_3	右旋泛酸钙	98%	保持干燥,十分稳定
	右旋泛酸		在 pH 值 4.0～7.0 水溶液中显著稳定
维生素 B_5	烟酸	98%	稳定
	烟酸胺		包膜制剂,稳定
维生素 B_7	生物素	1%～2%	预混合物,稳定
维生素 B_{11}	叶酸	98%	易黏结,需制成混合物
维生素 B_{12}	氰钴胺或羟基钴胺	0.5%～1%	干粉剂,以甘露醇或磷酸氢钙为稀释剂
胆碱	氯化胆碱	70%～75%	液体
		50%	以二氧化硅或有机载体预混

续表

维生素	主要商品形式	质量规格	主要性状与特点
维生素C	抗坏血酸，抗坏血酸钠，抗坏血酸钙		不稳定，硅酮或油脂包膜后稳定
	维生素C硫酸酯钾	48%维生素C	粉剂，稳定
	维生素C硫酸酯镁	46%维生素C	粉剂，稳定
	维生素C多聚磷酸酯	7%～15%维生素C	液体，稳定，固体，以载体吸附稳定

4. 加工和使用维生素添加剂应注意的问题

（1）维生素添加量的确定　由于维生素的种类多，分析困难，对于饲料企业来说，不可能将所用饲料原料一一加以分析。此外，在生产加工过程中维生素还因环境条件、加工、储存、运输等因素而造成损失。因此，通常是将基础饲料的含量作为安全余量，不加计算。而以饲养标准或营养标准规定的需要量作为添加量，并考虑其他一些造成损失的因素，增加10%的安全系数进行计算。在计算添加量时还要考虑到维生素价格和经济承受能力，所以维生素的添加量往往是并非饲养动物的最佳营养需要量。

（2）维生素的配伍禁忌　在添加维生素时必须注意它们之间的相互作用，对一些易受破坏的维生素应选用包膜制剂。胆碱有很强的碱性，因此在配制饲料添加剂时，应将氯化胆碱作为单项配料成分考虑。微量元素的存在是使维生素失去稳定性的重要原因，如铁、铜等微量元素如与维生素A、维生素D、维生素B_2、维生素B_{12}、维生素C等混合，则会加快这些维生素的破坏。因此，复合维生素添加剂和复合微量元素也应分别包装，而不应混在一起。

（3）载体的选用　载体的质量对维生素的稳定性有影响。以含水量为13%的玉米粉作为维生素B_1、维生素C和维生素K_3的载体，经过4个月的储存，60%的效价被破坏；如选用含水量为5%的干燥乳糖粉，经过4个月和6个月的储存，维生素效价可保持在85%～90%。由此可见，选用载体时除考虑其质量外，还应考虑水分含量，以不超过5%为宜。从价廉及分散均匀性看，麸皮、脱脂米糠作为载体为最好。

（4）包装与储存 为避免外界因素（如潮湿、氧气和光线）对维生素稳定性的影响，包装容器可选用多层铝塑袋，在装入维生素后立即抽空热封产品，在储藏时的温度不宜超过25℃，混合好的维生素产品不要放置时间过久以免效价降低，用户应有计划地随用随购，切忌今年购进明年使用。

5. 淡水鱼类配合饲料用复合维生素配方

（1）瑞士罗氏公司鱼饲料维生素配方（表2-7）

表2-7 鱼用维生素预混料添加量（一）

维生素种类	鱼饲料配方
维生素A	500万国际单位
维生素D_3	100万国际单位
维生素E	50毫克
维生素K_3	5毫克
维生素B_1	15毫克
维生素B_2	15毫克
维生素B_6	12毫克
维生素B_{12}	0.025毫克
烟酸	50毫克
右旋泛酸钙	25毫克
叶酸	2.5毫克
生物素	0.5毫克
肌醇	125毫克
C(硅酮包膜)	300毫克
载体(粗麦粉加至)	1000克

在配制鱼饲料时，每吨饲料中表2-7中所述维生素预混料的推荐添加量：鲤鱼（含其他鲤科鱼）2.0千克，鳟鱼（含其他鲑鳟鱼）2.5千克，鲇鱼2.0千克，遮目鱼20千克，鳗鱼、鳝鱼各2.5千克。

表2-7中所述添加量适用于密集养殖情况，如养殖密度减半，推荐添加量可减半。配制鱼苗饲料时，推荐添加量须增加30%；配制膨化饲料时，推荐添加量须增加50%。

每吨饲料中上述维生素制剂的推荐添加量见表2-8。

表2-8　鱼用维生素预混料的添加量（二）

养殖期/天 养殖密度/(尾/米²)	0～30	30～60	60～90	90～120	>120
	推荐添加量/(千克/吨)				
<10	3	2	2	1	1
10～15	4	3	3	2	2
15～20	5	4	3	3	2
20～25	6	5	4	3	2
>25	6	6	5	4	3

(2) 日本长野处方（表2-9）

表2-9　虹鳟和鲤鱼的维生素需求量（野村捻，1974）

维生素种类	虹鳟	鲤鱼
维生素 B_1/毫克	10	5
维生素 B_2/毫克	30	10
泛酸钙/毫克	40	20
肌醇/毫克	100	50
生物素/毫克	0.5	0.2
胆碱/毫克	700	500
烟酸/毫克	100	30

续表

维生素种类	虹鳟	鲤鱼
PABA/毫克	70	30
维生素 B_6/毫克	7	30
维生素 C/毫克	100	10
维生素 E/毫克	30	50
维生素 K_3/毫克	1	1
维生素 A/(国际单位/千克饲料)	5000	4400
维生素 D/(国际单位/千克饲料)	1000	880

(3) 美国科学院暖水性鱼类维生素配方（表 2-10）

表 2-10 暖水性鱼类对维生素需求量建议用量

维生素种类	添加量	全量
维生素 B_1/毫克	0	20
维生素 B_2/毫克	2～7	20
D-泛酸钙/毫克	7～11	50
肌醇/毫克	0	100
生物素/毫克	0	0.1
叶酸/毫克	0	5
胆碱/毫克	440	550
烟酸/毫克	17～18	100
维生素 B_6/毫克	11	20
维生素 B_{12}/毫克	0.002～0.01	0.02
维生素 C/毫克	0～100	30～100
维生素 E/毫克	11	50
维生素 K/毫克	5	10
维生素 A/(国际单位/千克饲料)	2000	5500
维生素 D_3/(国际单位/千克饲料)	220	1000

注：这些数量未扣除在加工和储藏过程中的损失。

（4）经济的维生素配方　上海市水产研究所对我国传统养殖鱼类的维生素需要进行研究，拟定了几个较经济的维生素配方，通过养殖鲤鱼、罗非鱼、青鱼、草鱼、团头鲂的试验证明，生长效果、成活率和饲料效率等指标都较好，并且未发现维生素缺乏症。其配方见表 2-11。

表 2-11　经济的维生素配方（杨国华等，1988）

维生素种类	鲤鱼、罗非鱼	青鱼
维生素 B_1/毫克	5	10
维生素 B_2/毫克	10	10
泛酸钙/毫克	10	20
PABA/毫克	0	30
叶酸/毫克	1	1
烟酸/毫克	15	30
维生素 B_6/毫克	15	30
维生素 B_{12}/毫克	0.01	0.01
维生素 C/毫克	10	10
维生素 E/毫克	5	20
维生素 K_3/毫克	0.5	1
维生素 A/(国际单位/千克饲料)	5000	10000
维生素 D_3/(国际单位/千克饲料)	1000	2000

三、矿物质

（一）矿物质的分类及生理功能

1. *矿物质的分类*

矿物质又称无机盐，包括常量矿物质和微量矿物质，常量矿物质主要指钙、磷、镁、钠、氯、钾，占体内总无机盐的60%～80%，微量矿物质包括铜、铁、锰、锌、钴、硒、碘等，在体内含量少于50毫克/千克，因此称为微量元素。

2. 矿物质的生理功能

(1) 矿物质的生理作用 矿物质的生理作用主要表现为以下几方面。

① 构成机体的骨骼、牙齿、甲壳及其他机体的组成成分，(如钙、磷、镁等)。

② 作为酶的辅基或酶的激活剂，如锌是碳酸酐酶的辅基，镁是磷酸化酶、磷酸转移酶的辅基和激活剂。

③ 作为维持机体生长和代谢的重要成分，如铁是血红蛋白的成分，碘是甲状腺激素的成分。

④ 维持体内渗透压平衡（如氯、钠、钾）。

鱼类的矿物质组成以及对矿物质的需求量与其年龄、季节、环境、品种等都具有很大关系，如0.2克的虹鳟的灰分含量为2%以下，1克以上时为2%～3%；此外，经过比较虹鳟和鲤鱼的矿物质含量发现，两者体内所含矿物质种类没有差异，但是鲤鱼锌含量为虹鳟的2倍。

相对于陆生动物而言，鱼类可以从周围的水环境中通过腮、皮肤和肠道吸收矿物质。例如，水体和饲料中有关渗透压调节的矿物质钠、钾、氯的含量非常丰富，而淡水鱼类的体内渗透压高于体外，因此不需要再在饲料中额外添加食盐，而当饲料和水环境中的矿物质含量不能满足鱼类的正常生存时，则必须适量添加。

(2) 常量元素的生理功能

① 钙和磷 钙和磷是动物体灰分中的主要组成成分，也是鱼体的骨骼、牙齿、鳞片的重要组成。正常情况下，机体中的血钙和血磷处于动态平衡中，从而满足正常生长和代谢，但血钙过高，会抑制神经和肌肉的兴奋性，反之过低，兴奋性增强；钙离子在凝血酶原的激化过程中也起着重要的作用。此外，磷是

ATP、核酸、细胞膜及血液缓冲物质磷酸氢钙和磷酸二氢钙的重要组成部分，也是机体必不可少的矿物质元素。

对淡水鱼类而言，一般水体中都含有足量的钙，不易缺乏，但水中磷含量较少，需要额外补充。饲料原料鱼粉、血粉中含有丰富的磷，矿物质饲料（如骨粉、磷酸氢钙、磷酸二氢钙和磷酸三氢钙、植酸磷）作为补充磷的原料。

② 钠、氯、钾　钠、氯在体内主要以氯化钠的形式存在于体液中，血液中含量最高，钾也存在于体内的所有细胞和软组织中。三者均在维持体液酸碱平衡和维持细胞正常渗透压方面起着重要作用，钾离子还可参与体内糖和蛋白质的代谢，对维持神经和肌肉的兴奋性也很重要，钾离子浓度升高，兴奋性增强，浓度降低，兴奋性减弱。

关于渗透压调节，对淡水鱼类而言，可以用鳃从水中和食物中获取钠和氯，此时体内渗透压高于体外，通过肾脏渗透吸水直到恢复正常状态，而一部分吸收来的钠和氯又会经肾脏代谢从尿液排出，排出的量又需要再重新从水和食物中获得。而海水鱼类则是体内渗透压低于体外，海水中的盐则通过体表渗透作用进入体内，而为了保证体内渗透压平衡，鱼类大量吞水，肠道则从吞入的水中渗透吸水从而渗透压降低，吞入的海水经肠道渗透吸水后剩余的盐分及身体代谢多余的盐分则通过腮的泌盐细胞排出，由于海水鱼类的肾脏过滤作用很弱，因此，排尿量很少，随尿液而排出的盐更少。

饲料中添加氯化钠、氯化钾、硫酸钾可以起到补充钠、氯、钾的作用。

③ 镁　在鱼体内，60%的镁存在于骨骼和牙齿中，40%存在于组织和体液中，大部分以游离态形式存在，小部分与蛋白质结合以磷酸盐、柠檬酸盐的形式存在。镁不仅参与构成骨骼、牙齿，还是很多酶的辅酶和辅基，参与糖和蛋白质的代谢过程；对

维持神经和肌肉（心肌、骨骼肌）的正常机能也具有很大的作用。用于补充镁的饲料添加的种类有硫酸镁、氯化镁等。

(3) 微量元素的生理功能

① 铁　参与构成血红蛋白，从而保证鱼体氧气的正常运输和储存；是细胞色素、细胞色素酶及氧化酶的组成部分；在心脏、肾脏、肝脏等器官内的线粒体内储藏，参与能量的释放；对棉粕中的棉酚也具有一定的解毒效果。

经鱼体摄入的无机铁或有机铁现在胃或肠道中先还原为二价铁，二价铁参与构成二价血红蛋白，二价血红蛋白参与氧气的运输，在氧气高的地方得氧，氧气低的地方失氧。由三价血红蛋白结合而成的高铁血红蛋白不能运输氧。

在配合饲料中，主要使用硫酸亚铁补充铁含量的不足。其在储存过程应避免暴露于空气中，以免氧化为三价铁。

② 铜　铜在肝脏内含量最高，是血红色和红细胞形成的催化剂；是软体动物和节肢动物（虾、蟹）血蓝蛋白的组成成分，血蓝蛋白可作为氧气的载体参与氧气的运输；还是细胞色素氧化酶、酪氨酸酶、抗坏血酸酶的组成成分；促进血钙、血磷在骨骼上的沉积，保证骨骼正常生长；还可参与维持生殖系统、神经系统的正常功能。

饲料中经常添加硫酸铜来补充铜含量的不足。此外，还有氧化铜、蛋氨酸铜、醋酸铜等，与无机铜相比，有机铜的生物利用率较好但价格较高。

③ 锰　存在于所有的动物体组织中，骨骼中含量最高，肝脏中含量比较稳定，组织中主要集中于线粒体中。是很多酶的激活剂，尤其是糖转移酶的专一激活剂；参与体内三大营养物质的代谢；还可参与胆固醇的合成，影响动物繁殖。

饲料中常添加硫酸锰来补充锰含量的不足，此外还有碳酸锰、氧化锰和氯化锰。

④ 锌　锌是鱼体所需的一种比较多的微量元素，鲤鱼含量较多，为虹鳟的2倍。锌存在于动物体的所有组织和器官中，肝脏和肌肉中含量较高。锌是许多酶的组成成分，如谷氨酸脱氢酶、嘧啶核苷酸脱氢酶，还是碱性磷酸酶的激活剂；锌还是胰岛素的必需成分；还可参与核蛋白和前列腺的代谢，因此雄性动物前列腺锌的含量特别丰富，尿液中含量也较多。此外，动物眼的脉络膜含锌也很丰富，因此缺锌会得白内障。

常用作饲料添加剂的主要有七水硫酸锌和一水硫酸锌，此外还有碳酸锌、氧化锌。

⑤ 钴　钴是构成维生素 B_{12} 的重要成分，约占4.5%。钴是磷酸葡萄糖变位酶和精氨酸酶的活化剂，而且对血细胞的发育和成熟也有促进作用。

饲料中可通过添加硫酸钴、碳酸钴、氯化钴来补充钴含量的不足。

⑥ 碘　碘在体内的分布也很广泛，但70%～80%都存在于甲状腺中。碘和酪氨酸可以合成甲状腺激素，而甲状腺激素几乎参与机体所有的代谢过程，因此可以具有增加基础代谢率、促进生长发育的作用。

作为饲料添加剂的碘源添加剂有碘化钾、碘酸钾和碘酸钙。

⑦ 硒　硒是谷胱甘肽过氧化酶的重要组成，不仅能促进维生素E的吸收和利用，还与维生素E一样，都具有抗氧化作用，均可保护细胞内膜和线粒体上的类脂不被氧化，因此，可以保证细胞膜的完整；同时硒还具有保障胰腺组织正常功能的作用。但是，硒是有毒元素，不能过量添加。

常用的饲料硒添加剂有无机硒（亚硒酸钠和硒酸钠）和有机硒（蛋氨酸硒），相对无机硒而言，有机硒具有毒性小、适口性好、利用率高的优点。

⑧ 铬　研究表明，铬也是动物生理活动的必需微量元素。

铬具有增加胰岛素活性的作用，也是葡萄糖耐量因子（GIF）的组成部分，因此对维持机体血糖平衡具有重要作用。此外，铬还可参与三大营养物质的代谢，能降低机体脂肪含量，增加蛋白含量。三价铬对身体没有危害，且吸收率很低（1%～3%），并且以原型排出，动物又对铬的耐受也很强（可达3000毫克/千克），试验中常用5%的三氧化二铬作为饲料表观消化率的外源指示剂。此外，相对于三价铬，六价铬毒性较大。

生产中作为饲料添加剂的铬源有无机铬（氧化铬、三氧化二铬）和有机铬（烟酸铬、蛋氨酸铬、酵母铬等），相对于无机铬吸收率低的缺点，有机铬吸收率可达10%～25%。

（4）鱼类矿物质缺乏引起的症状（表2-12）

表2-12 鱼类矿物质缺乏症

项目	缺乏时症状
磷	生长缓慢，骨骼发育异常，肋骨矿化，胸鳍刺软化，脂肪含量增加，水分、灰分下降
镁	生长不良，死亡率高，痉挛，骨骼钙增加，骨骼变形
锌	生长不良，厌食，骨骼中钙磷含量下降，死亡率高，皮肤及鳃糜烂，白内障
锰	生长不良，骨骼异常，尾基部发育异常
铁	贫血，例如鳃呈浅红色、肝呈白色至黄白色
钴	维生素B_{12}合成受阻，导致贫血，食欲降低、精神萎靡，身体消瘦
硒	谷胱甘肽过氧化酶活性降低，死亡率增加
碘	甲状腺肿大，基础代谢降低

（二）矿物质的原料

1. 饲料中添加矿物质原料的要求

① 对矿物质的基本要求。一般认为，作为饲料用矿物质添加剂的原料，应符合以下基本要求，即含杂质较少，有害有毒物

质在允许范围以内，不影响淡水鱼类和人的安全。

② 生物学效价要高，淡水鱼类摄食后能够消化、吸收和利用，并能发挥其特定的生理功能。

③ 物理性质和化学性质稳定，不仅本身稳定，而且不会破坏其他矿物质添加剂，加工、储藏和使用方便。

④ 货源稳定可靠，可就地、就近取材，保证供应和生产。

⑤ 在不降低有效量的条件下，成本较低，保证使用后产生较高的经济效益。

根据上述基本要求，微量元素原料多使用化工原料，或专门生产的饲料级原料，而不用试剂产品。目前，生产的微量元素添加剂多以沸石或含钙的石灰石粉作为物料的载体。

2. *矿物元素的原料*

(1) 常量元素　钠、氯、钾来源于食盐和氯化钾，镁的原料有碳酸镁、氧化镁和硫酸镁，钙、磷为饲料中添加的主要常量元素，其来源有多种，详见表 2-13。

表 2-13　常用矿物质原料中钙、磷的含量（李爱杰，1996）

饲料原料	分子式	含钙/%	含磷/%	其他/%
磷酸氢二钠	Na_2HPO_4		21.81	32.38(Na)
磷酸氢二钾	K_2HPO_4		22.76	28.72(K)
磷酸氢钠	$NaHPO_4$		25.80	19.15(Na)
磷酸氢钙(商业用)	$CaHPO_4$	24.32	18.97	
过磷酸钙	$Ca(H_2PO_4)_2 \cdot H_2O$	17.12	26.45	
磷酸钙	$Ca_3(PO_4)_2$	38.00	18.00	
石灰石粉		24～36		
贝壳粉		38.00		
蛎壳粉		29.23	0.23	
碳酸钙	$CaCO_3$	4.00		
骨粉		30.12	13.46	脱脂脱胶

（2）微量元素 淡水鱼类的饲料中也常缺乏微量元素，因此有必要补充微量元素以满足其营养需要。微量元素主要包括铜、铁、锰、锌、钴、硒、碘等。作为饲料添加剂用微量元素的原料见表 2-14。

表 2-14 饲料添加剂用微量元素的原料（李爱杰，1996）

名 称	分子式	微量元素含量/%	备 注
硫酸亚铁·7水物	$FeSO_4 \cdot 7H_2O$	20.1	绿色结晶
硫酸亚铁·1水物	$FeSO_4 \cdot H_2O$	31.0	绿色结晶
硫酸铜·5水物	$CuSO_4 \cdot 5H_2O$	25.5	蓝色结晶
硫酸铜·1水物	$CuSO_4 \cdot H_2O$	34.0	蓝色结晶
硫酸锌·7水物	$ZnSO_4 \cdot 7H_2O$	22.7	白色结晶
硫酸锌·1水物	$ZnSO_4 \cdot H_2O$	36.0	白色结晶
硫酸锰·5水物	$MnSO_4 \cdot 5H_2O$	22.8	淡红色结晶
硫酸钴·7水物	$CoSO_4 \cdot 7H_2O$	24.8	桃红色结晶
硫酸钴·1水物	$CoSO_4 \cdot H_2O$	33.0	桃红色结晶
碘化钾	KI	69.0	无色结晶性粉末
碘酸钙	$Ca(IO_3)$	65.1	白色至乳黄色粉末或结晶
亚硒酸钠·5水物	$Na_2SeO_3 \cdot 5H_2O$	30.0	白色结晶

碘化钾易潮解，稳定性差，与其他金属盐类易发生反应，对维生素、微生态制剂等添加剂都能起破坏作用，应尽可能少用。碘酸钙溶水性低，稳定性高，可以碘酸钙作为碘源。硒为剧毒物质，应注意用量及饲料均匀度，饲料中用量超过（3～5）$\times 10^{-6}$ 即可能中毒。

无机微量元素主要在鱼、虾中肠吸收。由于中肠环境呈碱性，影响无机微量元素的吸收率，近年来研究成功氨基酸微量元素螯合物、多糖微量元素复合物，可大大提高微量元素的吸收率，铜、钴的吸收率比无机铜、钴提高最多，分别提高41%、46%～58%，铁、锌次之（15%），锰提高最小，比无机锰只提高6%左右。

（三）淡水鱼类用复合矿物盐添加剂的配方举例

1. 实验饲料矿物盐配方

（1）美国药典Ⅻ NO.2混合盐配方　氯化钠43.5克，硫酸镁137克，磷酸二氢钠87.2克，磷酸钾239.8克，磷酸二氢钾135.8克，柠檬酸铁29.7克，乳酸钙327.0克。合计1000克。

（2）美国药典ⅩⅧ混合盐配方　氯化钠139.3克，硫酸镁57.3克，碘化钾0.79克，硫酸亚铁（七份结晶水）27.0克，磷酸二氢钾389.0克，硫酸锰（一份结晶水）4.01克，硫酸锌（七份结晶水）0.548克，硫酸铜（五份结晶水）0.477克，氯化钴（六份结晶水）0.023克，碳酸钙381.4克。

（3）上海水产研究所青鱼矿物盐配方　磷酸氢钙14415毫克/千克饲料，硫酸亚铁250毫克/千克饲料，硫酸锌220毫克/千克饲料，硫酸锰92毫克/千克饲料，硫酸铜20毫克/千克饲料，碘化钾1.6毫克/千克饲料，氯化钴1.0毫克/千克饲料，钼酸铵0.4毫克/千克饲料。

2. 实用饲料的矿物盐配方

（1）日本鳗用矿物盐配方（每千克混合剂）　磷酸二氢钙260克，乳酸钙230克，柠檬酸铁27.8克，硫酸镁50克，磷酸二氢钾50克，硫酸铜1.5克，硫酸锰1.5克，氯化钴0.011克，碘酸钙0.196克。按0.5%～2%添加。

（2）加拿大虹鳟矿物盐配方　磷酸钙4500毫克/千克饲料，氯化钠19868毫克/千克饲料，氯化钴0.81毫克/千克饲料，氧化锌1.25毫克/千克饲料，硫酸铜8.24毫克/千克饲料，氧化铁28.57毫克/千克饲料，碘化钾4.26毫克/千克饲料，氧化锰

89.29 毫克/千克饲料。

(3) 淡水鱼饲料的矿物质预混剂

① 实验饲料 磷酸氢钙 20.7 克/千克干饲料，碳酸钙 14.8 克/千克干饲料，磷酸二氢钾 10.0 克/千克干饲料，碘化钾 1.0 克/千克干饲料，氯化钠 6.0 克/千克干饲料，硫酸锰 0.35 克/千克干饲料，硫酸亚铁 0.5 克/千克干饲料，硫酸镁 3.0 克/千克干饲料，碘酸钾 0.01 克/千克干饲料，硫酸铜 0.03 克/千克干饲料，碳酸锌 0.15 克/千克干饲料，二氯化钴 0.0017 克/千克干饲料，高锰酸钠 0.0083 克/千克干饲料，亚硒酸钠 0.0002 克/千克干饲料。

② 实用饲料 磷酸氢钙 20.0 克/千克干饲料，碳酸钙 7.5 克/千克干饲料，硫酸锰 0.3 克/千克干饲料，氯化钠 7.5 克/千克干饲料，硫酸亚铁 0.5 克/千克干饲料，碘酸钾 0.002 克/千克干饲料，硫酸铜 0.06 克/千克干饲料，硫酸锌 0.7 克/千克干饲料。

第三节

非营养性添加剂

一、促生长剂

促生长剂的主要作用是通过刺激内分泌系统、调节新陈代谢、提高饲料利用率来促进动物的生长。动物不同，所选用的促生长剂也不同。目前经常用于鱼、虾等水产动物的促生长剂有以下几种。

1. 喹烯酮（Quinocetone）

喹烯酮是中国农业科学院兰州畜牧与兽药研究所最新研制的畜禽抗菌、止泻、促生长新药，是我国在国际上首创的一类新兽药。淡黄色或黄绿色粉末，不溶于水，略溶于部分有机溶剂，对光敏感，较易发生光化学反应。其化学名称为3-甲基-2-苯乙烯酮基-喹噁啉-1，4-二氧化物，分子式为 $C_8H_{14}N_2O_3$，分子量306.5，熔点182.5～189℃，淡黄色或黄绿色粉末，不溶于水，略溶于部分有机溶剂，对光敏感，较易发生光化学反应。喹烯酮属喹噁啉类药物，可促进生长并提高饲料转化率，对多种肠道致病菌（特别是革兰阴性菌）有抑制作用，可明显降低畜禽腹泻发生率。该药效果确实，毒性极低，排泄快，不蓄积，无残留，无三致作用，使用安全。

2. 正三十烷醇

正三十烷醇为植物促生长剂。三十烷醇具有促进生根、发芽、开花、茎叶生长和早熟作用，具有提高叶绿素含量、增强光合作用等多种生理功能。在作物生长前期使用，可提高发芽率、改善秧苗素质，增加有效分蘖。在生长中、后期使用，可增加花蕾数、坐果率及千粒重。用于水稻、玉米、高粱、棉花、大豆、烟草、甜菜、甘蔗、花生、蔬菜、果树、花卉等多种作物和海带养殖。李爱杰等（1991）用三十烷醇饲喂鲤鱼，其增重率比对照组提高22.3%。

3. 沸石

沸石对鱼、虾也有促进生长作用。沸石是具有骨架结构的硅酸铝矿石，骨架内有空穴，具吸附力和离子交换能力。

二、防霉剂

添加防霉剂的目的是抑制霉菌的代谢和生长，延长饲料的保藏期。其作用机制是，破坏霉菌的细胞壁，使细胞内的酶蛋白变性失活，不能参与催化作用，从而抑制霉菌的代谢活动。凡食品中被批准的防霉剂（如丙酸、丙酸钠、丙酸钙、山梨酸、山梨酸钠、苯甲酸钠等）都可用于淡水鱼类的配合饲料。在生产中常用的是丙酸钠和丙酸钙，用量为0.1%～0.3%。

近年来，饲料防霉剂的研究和应用趋势由单一型转向复合型，以拓宽抗菌谱，并提高防霉效果。如“霉敌”是由丙酸、乙酸、山梨酸、苯甲酸、富马酸等混合制成。

三、抗菌剂

鉴于抗菌药物不合理使用不但会破坏淡水鱼类肠道微生态平衡，再长期低剂量服用还会产生耐药菌株，而且经动物体排泄后更会造成环境污染、破坏水质，因此开发新型环保无污染的替代品成为当今世界的主流。抗菌肽是生物体在受到外来病原入侵时，被诱导并迅速合成的多肽类物质，具有广谱杀菌、抑病毒、抑杀肿瘤细胞等作用，是生物机体天然免疫防御系统的重要组成部分。对温度、较大阳离子、pH值具有一定的耐受性，有的也能抵御蛋白酶或胃蛋白酶的水解，其普遍存在于细菌、鱼类、鸟类、植物、两栖动物、软体动物和哺乳动物的体内。不同的抗菌肽来源于不同的细胞或组织，如上皮细胞、中性粒细胞、巨噬细胞、脂肪颗粒和生殖系统等。在高等动物体内，存在天然免疫和获得性免疫，抗菌肽可以作为生物体的第一道防线首先抵御外界刺激，从而为更高效的获得性免疫的产生提供时间保障，对于原生动物、海绵动物、环节动物、节肢动物（虾、蟹）等无脊椎动物而言，其宿主防御仅仅依赖于非特异性免疫，而鱼类由于缺乏IgG（约占高等动物血清免疫球蛋白的75%，对体液免疫起着重要的作用），不具备抗体生成的二次反应，所以，非特异性免疫对其防御病原菌的入侵具有重要意义。总体上来讲，对非特异性免疫的依赖性与生物进化水平密切相关，进化水平越低，依赖性就越强，因此，抗菌肽作为饲料添加剂应用于水产养殖业具有广阔的发展前景。

四、抗氧化剂

淡水鱼类饲料中所含的油脂及维生素等很容易氧化分解，产生毒物或造成营养缺乏，因此需添加抗氧化剂。抗氧化剂的作用机理是其本身容易氧化，和易氧化物质的活泼自由基结合，生成无活性的抗氧化剂游离基，将氧化反应中断，从而使氧化过程停止或减缓。抗氧化剂自身则因丧失了不稳定氢而不再具有抗氧化性质。由于抗氧化剂能起稳定作用，故可延长饲料保藏期限。目前普遍使用的抗氧化剂有乙氧基喹啉（EQ，也称乙氧喹、山道喹）、丁基羟基甲氧苯（BHA）和二丁基羟基甲苯（BHT）。其他还有五倍子酸酯、生育酚及抗坏血酸等。

BHA、BHT、EQ 在一般饲料中添加量为 0.01%～0.02%，当饲料中含脂量较多时应适当增加添加量。BHT、BHA 若与抗坏血酸、柠檬酸、葡萄糖或其他还原剂同时使用，用量为 BHT 的 1/4～1/2 时，其抗氧化效果特别显著。

五、促消化剂（酶制剂）

添加酶制剂的目的是促进饲料中营养成分的分解和吸收，提高其利用率。所用的酶大多是由微生物发酵或从植物中提取。微生物酶依其来源可分为霉菌酶、细菌酶和酵母酶。植物中麦芽、麸皮、大豆可提取淀粉酶，从木瓜、菠萝中可提取蛋白酶。常用的饲料酶制剂有蛋白酶、淀粉酶、脂肪酶、纤维素酶和几丁质酶。除单一酶制剂外，为更大地提高调料营养价值和淡水鱼类的消化能力，充分利用酶的协同作用，发挥其综合效应，还生产复合酶制剂。选用饲料用酶应与饲料类型和鱼、虾种类及其消化生理特点相适应。

使用酶制剂应注意其保存期，单纯酶制剂保存期不超过 6 个月，做成预混料或饲料则不超过 3 个月。酶制剂最方便的使用方法是将酶制剂加入预混料中，再将其与饲料混合制粒。为提高其效果，可以酶制剂预先处理饲料原料，或在制粒后将酶制剂喷涂在颗粒上。

六、微生态制剂

广义的微生态制剂包括益生素、益生元和合生元三大类。

1. 益生素

益生素又称益生菌，益生菌（Probiotics）一词最早是由 Parker（1974）提出的，并将其定义为能够改善肠道微生态平衡的生物和物质。随着研究的深入，其定义不断地被修整。结合水产养殖情况，其被定义为一种通过改善与动物相关的或其周围的微生物群落结构来增加饲料利用率或增强其营养价值，增强动物对疾病的应答能力或改善周围环境的活菌制剂。在生产中，人们把从环境中筛选的有益菌经扩大培养制成活菌制剂，可以起到调节动物肠道菌群平衡，促进生长和消化以及提高免疫的效果。虽然有关益生菌在水产养殖的应用从近些年才开始，但是基于其健康无污染的特点在水产养殖业也正在被广泛应用。目前水产上常用的益生菌主要有酵母菌（*Yeast*）、硝化细菌（*Nitrifying Bacteria*）、芽孢杆菌（*Bacillus*）、光合细菌（*Photosynthetic bacteria*，*PSB*）、噬菌蛭弧菌（*Bdellovibrio bacteriovorus*）、乳酸菌（*Lactic acid bacteria*，*LAB*）、反硝化细菌（*Denitrifying bacteria*）。其中光合细菌、硝化细菌、反硝化细菌、噬菌蛭弧菌主要作为水质改良剂，乳酸菌、芽孢杆菌、酵母菌主要用于饲料添加剂，光合细菌也可以作为饲料添加剂。

（1）光合细菌（PSB） 属革兰阴性菌，能进行光合作用但不产生氧气。其蛋白含量高达60%～65%，还含有丰富的维生素，对生物的生长有很强的促进作用。目前应用较多的主要为紫色非硫细菌和沼泽红假单胞菌（Rhodop seudanonas palustris）。

（2）乳酸菌（LAB） 是一类能利用可发酵糖产生乳酸的细菌的总称，是目前应用最为广泛的益生菌，为动物和人的胃肠道中的优势菌群。目前，我国允许使用的饲料添加剂的种类包括粪肠球菌（*Enterococcus faecalis*）、屎肠球菌（*Enterococcus faecium*）、嗜酸乳杆菌（*Lactobacillus acidophilus*）、干酪乳杆菌（*Lactobacillus casei*）、德式乳杆菌乳酸亚种［原名：乳酸乳杆菌（*Lacticacid bacteria*）］、乳酸片球菌（*Pediococcus acidilactici*）、德氏乳杆菌保加利亚亚种［原名：保加利亚乳杆菌（*Lactobacillus bulgaricus*）］、纤维二糖乳杆菌（*Lactobacillus helveticus*）、发酵乳杆菌（*Lactobacillus fermenti*）、戊糖片球菌（*Pediococcus pentosaceus*）、嗜热链球菌（*Streptococcus thermophilus*）、罗伊氏乳杆菌（*Lactobacillus reuteri*）、动物双歧杆菌（*Bifidobacterium*）、两歧双歧杆菌（*Bifidobacterium bifidum*）、婴儿双歧杆菌（*B. infantis*）、长双歧杆菌（*B. longum*）、短双歧杆菌（*B. breve*）、青春双歧杆菌（*B. adolescentis*）、植物乳杆菌（Lactobacillus plantarum）。

（3）芽孢杆菌 是一类能产生芽孢的杆菌或球菌，具有耐酸、耐碱、耐高温和耐挤压的优点，也是目前使用最成功的一类益生菌。我国允许作为饲料添加剂的品种包含地衣芽孢杆菌（*Bacillus licheniformis*）、枯草芽孢杆菌（*Bacillus subtilis*）、迟缓芽孢杆菌（*Bacillus lentus*）、短小芽孢杆菌（*Bacillus pumilus*）。

（4）酵母菌 是一种典型的真核单细胞微生物，具有细胞壁、细胞膜、细胞浆、细胞核及其他内含物等近乎完整的细胞结构。目前，在我国产朊假丝酵母（*Candida utilis*）和酿酒酵母（*Saccharomyces cerevisiae*）可以作为饲料添加剂使用。

对淡水鱼类而言，益生菌的作用机理是建立在康白提出的动物微生态理论基础上的。存在四种学说。一是在其繁殖过程中形成优势菌群，分解肠道内残饵、代谢废物等，净化养殖环境，与致病菌竞争黏附位点从而抑制了致病菌的繁殖，即优势菌群学说；二是有益菌在生物体肠道内迅速繁殖，消耗氧气，从而恢复肠道的微生态环境，即夺氧学说；三是有益菌在宿主内定植后，与宿主黏膜上皮紧密结合并形成致密菌膜，防止有害菌定植，即菌群屏障学说；四是益生菌可以抑制有害菌的生长和代谢毒物的产生、促进肠道蠕动、维持肠道膜结构完整，因此肠道微生态系统中的能量流、物质流和基因流可以正常运转，即“三流运转”理论。以上四种学说均是益生菌在繁殖过程中表现出的益生效果，此外益生菌在代谢过程中还可以产生多种维生素、蛋白质、消化酶、促生长因子等，并且本身也具有丰富的营养物质，可以为淡水鱼类的生长提供所需的营养。

需要注意的是，目前常用的大多为活菌制剂，只有达到一定量才会起到益生效果。但在制粒和储存过程中会有很大损失，因此做好的成品饲料需将其保存在低温干燥的环境中且应尽快用完，或购买液体益生菌，现用现混匀，对于不耐制粒高温的有益菌也可采用此方法。

2. 益生元

益生元是不被动物体消化吸收，但可以选择性的促进宿主肠道内原有的一种或几种益生菌繁殖的一类物质，从而可以达到促进有益菌繁殖，抑制有害菌生长、调节肠道微生态平衡、保障机体正常生长的效果。包括各种寡糖类物质，例如乳糖、甘露寡糖、低聚果糖、菊粉等。

3. 合生元

合生元是益生素和益生元按一定比例配合而成的生物制剂，可以同时发挥益生素和益生元的功效，发展前景广阔。

七、诱食剂

也称引诱剂、促摄食物质。其作用是提高配合饲料的适口性，引诱和促进鱼、虾对饲料的摄食。对鱼、虾类动物来说，同时具有引诱和促进摄食两种作用的物质较多，所以都以促摄食物质处理。对淡水鱼类化学感觉功能和促摄食物质的研究，对提高配合饲料的适口性和利用率具有重要意义。

天然饲料的化学成分非常复杂，确认其中促摄食物质的方法一般有两种：一是化学提取分离法，把淡水鱼类嗜食的饲料依次进行分离精制，再用生物鉴定法判定所分离的各组分的活性；二是根据饲料提取分离物的分析值，用纯化学试剂调制合成人工提取物，确定其与天然提取物具有同样活性后，将其添加到不含促摄食物质的基础饲料中，再用生物鉴定法检查，比较从人工合成提取物中依次除去各成分时的活性变化。

饲料浸出物中的诱食物质主要是含氮化合物，比较常见的化合物是氨基酸、核苷酸和二甲胺内酯。促使鱼、虾摄食多是两种以上化合物协同作用的结果，大致分为：两种以上的氨基酸；氨基酸和核苷酸；氨基酸和三甲胺内酯；氨基酸和色素或荧光物质，其中甘氨酸、丙氨酸和脯氨酸的活性具有重要意义。

据报道，蛤仔中的甘氨酸和丙氨酸对鳗鱼有诱食作用；乌贼肉中的酪氨酸、苯丙氨酸、赖氨酸和缬氨酸对虹鳟有促进摄食作用。

沙蚕、虾的加工废弃物、蛤仔及干贝浸出物含有很多诱引物质，如核苷酸、丙氨酸、甘氨酸、牛磺酸及甜菜碱等，为良好的诱引物质。

甜菜碱是一种化学合成的新型多功能添加剂，原存在于动植物机体的天然化合物。自从 20 世纪 70 年代其效能被发现后已经广泛应用于食品、饲料、化工等领域。作为重要的饲料添加剂之一，现在我国已能化学合成。

1. 甜菜碱的理化性质

甜菜碱也称甘氨酸三甲胺内盐。外观是白色结晶体，味甜。甜菜碱是季胺型生物碱，通常含有一分子结晶水，能溶解于水、甲醇等，极易潮解，但其盐酸盐不易潮解。水溶液呈中性。

甜菜碱为无毒物质，自然存在于植物（如甜菜、仙人掌）的根、茎、叶、果中。新鲜的糖用甜菜根部含量0.3%～0.7%，制糖工业产生的废糖蜜中含量达到3%～8%。化学方法制造甜菜碱以三甲胺和氯乙酸为原料，在水溶液中经反应合成。

2. 甜菜碱的功能

目前的研究确定甜菜碱具有多重功能，应用于养殖有其特殊效果。

① 是鱼类、甲壳类动物的理想诱食剂。水产养殖投放的人工饵料尽管营养成分全面，但对水生动物仍是一种乏味食品。鱼类摄食还通过嗅觉和味觉来辨别饲料的溶出物从而产生感应。美国、日本等国家学者的研究结果表明，甜菜碱对鱼、虾类的嗅觉有极强诱惑力，与氨基酸等配伍有良好的协同作用，能够使处于应激状态下的鱼类摄食不喜食的饵料，增加采食量。所有的鱼类感受器对10^{-4}摩尔/升浓度的甜菜碱均能产生良好反应。

② 是高效率的甲基供体，可取代氯化胆碱，减少蛋氨酸的使用。甜菜碱作为甲基供体其效果优于氯化胆碱。它分子结构中的碱性甲基易于参与生物体内合成肉碱、肌酸的生化反应。氯化胆碱必须先在细胞线粒体内氧化成甜菜碱后方能够提供甲基，转换效率并不高。据测算，甜菜碱提供甲基的效率约相当于氯化胆碱的1.2倍。甜菜碱还可部分取代蛋氨酸，从而降低家禽日粮中蛋氨酸的添加量，取代量占到蛋氨酸总需要量的20%～25%。

③ 维护饲料中维生素的稳定性。在预混料或饲料中，氯化胆碱会破坏维生素的稳定性，而甜菜碱却能减轻脂溶性维生素A、维生素D、维生素E、维生素K的氧化，维护其效价。据报道，常温下（20～25℃）在预混料中加入氯化胆碱，维生素A、维生素B_6的效价4周后从100％分别下降到27％、15％，维生素B_1、维生素K的效价3周后下降到69％、8.2％。改用甜菜碱替代，维生素A、维生素B_6的效价4周后下降到79％、41％，维生素B_1、维生素K的效价3周后为91％、100％。可见甜菜碱能维护维生素K、维生素B_1的稳定性，它对维生素A、维生素B_6也有保护作用，这种作用在高温下更为明显。

④ 在水产养殖上的应用广泛。据国外介绍，在鱼饲料中拌入0.5％～1.5％的甜菜碱对所有鱼类及虾等甲壳动物均有强烈诱食效果，使珍贵鱼种（虹鳟、乌鲂、鳟鱼、鳗鱼等）摄食增加，并大大缩短摄食时间，既能提高饵料效率，又可避免因饲料沉底腐败造成水体污染。

芬兰的试验表明，配合饲料添加甜菜碱饲喂虹鳟和鲑鱼，增重率和饲料转化率均提高20％以上，饲喂大马哈鱼体增重率和饲料利用率分别提高了31.9％和21.88％。

辽宁省淡水水产研究所的鲤鱼试验表明，添加0.3％甜菜碱明显刺激摄食强度，增重提高41％～49％，饵料系数降低14％～24％。

郭永军等（2005）选用陈皮、丁香、肉桂、白芷、大茴、栀子、山萘、阿魏共计8种中草药作为诱食剂，以0.2％的添加量分别加入到基础饵料中，用迷宫试验记录试验鱼进入诱鱼室和空白室的次数，以及试验鱼啄咬饵料球的次数，分析不同中草药对鲤鱼的诱食作用。结果表明，丁香和陈皮对鲤鱼的诱食作用显著。

摄食抑制剂是使淡水鱼类产生忌避行为或使摄食行为终止的

一类物质。因为大量的植物蛋白或其他新蛋白源逐步取代日益短缺的动物蛋白，所以关于摄食促进物质或抑制物质的知识显得越来越重要。饲料的适口性差可能是由于缺乏摄食促进物质，也可能是由于存在摄食抑制剂。植物原料中的绿原酸和酚类化合物是鱼、虾类水产动物的强烈摄食抑制剂。这类物质对人舌的感觉是苦或酸涩。在饲料工业中，可以通过提高摄食促进物质的水平来克服摄食抑制剂的影响，但是高含量的摄食抑制剂是有毒的，所以采取直接降低抑制剂的含量为宜。

八、着色剂

人工养殖的鱼、虾，其体色往往不如天然鱼、虾的色彩鲜艳，影响其商品价值。在饲料中添加着色剂可以改善养殖鱼、虾的体色。虾粉、苜蓿、黄玉米、绿藻等都是良好的色源原料，但天然色源成分不稳定，有的价格较高，故需开发着色剂。属于黄色色系的有金鱼、香鱼等，属于红色色系的有真鲷、对虾、虹鳟、锦鲤等。所用着色剂多为类胡萝卜素产品。

裸藻酮应用的范围相当广，鲑、鳟、鲷、金鱼、虾、鲤等改善体色，皆可使用。在饲料中添加0.001%～0.004%裸藻酮可以改善虹鳟的皮、肉及卵的颜色；真鲷和虹鳟不能改变色素的组成，但能将上述色素直接沉积在体内，裸藻酮除具有着色效果外，还可促进卵成熟，提高受精率及孵化率。裸藻酮在对虾体内可转变成虾青素，在饲料中添加0.02%，喂养4周就显效果，是优良的着色剂。

金鱼、红鲤和锦鲤能将叶黄素和玉米黄素转变成虾青素。以叶黄素喂鱼，橙色加强，以玉米黄素喂鱼，则红色增强。因此，为改善金鱼、红鲤和锦鲤的体色，以在饲料中加入玉米黄素为佳。

虾青素为红色系列着色剂，在饲料中添加虾青素饲喂对虾，经过8周，对虾体内的虾青素即达到最高值，在4周后就能看到色彩的改善。因此，改善体色历时1个月即可。

九、黏合剂

黏合剂是淡水鱼类配合饲料中特有的起黏合成型作用的添加剂。特别是特种鱼类（如虹鳟、黄颡鱼等）要求饲料在水中保持一定时间不溃散。黏合剂即是将各种成分黏合在一起，防止饲料成分在水中溶失和溃散，便于淡水鱼类摄食，提高饲料效率，防止水质恶化。黏合剂应具有价格低、用量少、来源广、无毒性、加工简便、不影响淡水鱼类对营养成分的吸收、黏合效果好、水稳定性强等特点。

淡水鱼类饲料黏合剂大致可分为天然物质和化学合成物质两大类，前者按其化学成分又可分为糖类和动物胶类。属于糖类的有淀粉、小麦粉、玉米粉、小麦面筋、褐藻胶等；属于动物胶类的有骨胶、皮胶、鱼浆等；化学合成物质有羧甲基纤维素、聚丙烯酸钠等。黏合剂的黏着强度除与其本身的性质有关外，还与饲料的种类、饲料的细度、加工条件、加工温度等有关。例如，在饲料中加入虾糠、麸皮、稻糠等越多，其在水中的稳定性越差。饲料粉碎粒度大（粒度大于40目）者浸水后，水分易渗入饲料颗粒而溃散，粒度小者水稳定性好；糖类、动物胶类在80℃以上的温度下干燥，黏合效果才好，如果晒干，则黏合效果差；羧甲基纤维素在20℃以下，黏度快速增加；超过40℃，则黏性消失，在pH7时黏度最高，高于或低于pH7则黏性降低，在2价或3价离子共存时会因沉淀而失去黏性；聚丙烯酸钠也会因与盐类并存而影响其黏合效果。同样是小麦粉，由于蒸汽调制的时间、温度，所加入的水分不同而黏合性能不同，更由于在造粒后是否经过熟化工艺而在水中的稳定性有显著不同。

十、其他添加剂

1. 抗结块剂

为了防止饲料结块，在饲料中添加适量的膨润土、二氧化硅、石英粉或硅酸铝钙（抗结剂）等，可改善饲料混合均匀度，增加配合饲料在加工过程中的流动性。

2. 中草药添加剂

其优点是无毒副作用，无抗药性，资源丰富，来源广泛，价格便宜，既有营养作用，又可防病治病。用以促生保健，是值得研究开发的一个重要方面。

第四节

饲料添加剂的使用方法

一、添加剂的选购

市场上出售的饲料添加剂大部分是散剂（约占 90%以上），其品名繁多，规格不一，用途、特点各异，选购时应加以注意。

（1）有的放矢，克服盲目性　选购时应事先了解产品的性能、成分、含量、效价、用途。然后结合自己所饲养的淡水鱼类种类、饲料目的、饲养条件和淡水鱼类健康情况等进行有针对性地选购。

（2）选购商标上注有有关管理部门批准文号的产品　因为无批准文号的产品属非法生产的假冒产品，质量没有保证，使用后不但没有起到良好的作用，反而造成损失。

(3) 选购近期生产的产品　因为储藏时间的长短直接影响某些添加剂成分的效价。储藏时间越长，效价越低。如维生素类添加剂在常温下（18～21℃）储藏，每月可降低效价5%～10%，所以购买维生素类添加剂时，不要一次买得太多，应现用现购，生产日期在包装上有说明。

(4) 注意复方制剂所含成分及其含量　在同类产品中应选购成分齐全、含量高的产品。

(5) 选购包装严密的产品　特别是维生素类，最理想的是铝箔充氮真空包装，因为某些维生素接触空气、遇光后容易变质失效。

(6) 选购均匀度好的产品　均匀度不好则效果不佳。因为添加剂中有效成分所占比例甚微，均匀度不好，拌于饲料中喂给淡水鱼类，吃少了不起作用，吃多了会引起中毒。均匀度好的产品，置于纸上，用纸将其表面压平，在光线充足处观察，无花纹、色斑和原料颗粒，表面色调一致。

(7) 选购容重（单位容积的重量）轻的产品　容重大的其辅料（稀释剂或载体）大部分是饲用石粉，石粉作添加剂的辅料不够科学，因为它的容重大，成品在运输过程中石粉会分层沉底。

(8) 选购干燥、疏松、流动性好的产品　如有潮解、聚团、结块，说明该产品已有部分或全部变质失效，不宜选购。

(9) 选购气味纯正、色泽新鲜的产品　如有特殊异色、异味的产品（除该产品原料应有的气味和色泽外）不宜购用。

二、饲料添加剂的储藏与保管

(一) 饲料添加剂储藏与保管方法的分类简介

1. 氨基酸类

目前我国应用比较广泛的必需氨基酸添加剂主要有赖氨酸、

蛋氨酸及蛋氨酸钙盐，其他氨基酸应用很少。因而，本书仅对上述三种常用的必需氨基酸的储藏保管方法介绍如下。

(1) 赖氨酸 一般分为L-赖氨酸和DL-赖氨酸两种。因为以上两种都是白色结晶品，能溶于水，所以在储藏保管时，必须防潮，密封保存。

(2) 蛋氨酸 分D-蛋氨酸、L-蛋氨酸、DL-蛋氨酸三种。这三种都是结晶品，均含有甲硫基，都能溶于水，所以对它们都必须密封、避光储藏保管。

(3) 蛋氨酸钙盐（MHA）也叫蛋氨酸羟基类似物，其装填典型堆积密度为658千克/米^3，要避免与空气中的粉尘接触，故需密封、低温干燥储藏。

2. 维生素类

(1) 脂溶性维生素 有维生素A、维生素D、维生素E、维生素K_3几种。

① 维生素A 商品市场上有两种，即维生素A和维生素A醋酸酯，市售商品多为油溶剂，在空气中不稳定，极易氧化，紫外线能使其失去效价，故应避光密封储藏，其油溶质商品应加抗氧化剂（BHA、维生素E等），并密封于铝制容器内，在25℃以下避光、干燥储藏。微胶囊维生素A在仓库中储藏1个月损失1%，如时间过长，则每月损失10%，若加入预混料中则损失更大，这是由于空气中的紫外线与氧气、水分、微量金属、酸败脂肪或油和高温会加速其分解失效。维生素A醋酸酯保存方法同维生素A。

② 维生素D 有维生素D_2、维生素D_3两种。维生素D_2也叫骨化醇，它在任何情况下对光都敏感，在湿空气中数日就会氧化，应低温密封储藏；维生素D_3也叫胆钙化醇，在潮湿的空气中几天就氧化失活，纯晶品存放于真空瓶中，冰箱保存，1年后只有微量变质。维生素D_3比维生素D_2稳定，这两种都要避光、

内充氮气等惰性气体、10℃以下储存。

③ 维生素E　也叫生育酚，在无氧情况下对热及碱稳定，能缓慢地被空气中的氧所氧化，暴露于光线中颜色逐渐变深，故应密封、避光储存。

④ 维生素K　也叫甲萘醌，有维生素K_1、维生素K_2、维生素K_3三种，有吸湿性，遇光易分解变色，易溶于水，微溶于醇，以上三者都要密封、避光储存。

（2）水溶性维生素

① 维生素B_1　白色结晶状粉末或白色粉末，易溶于水，略溶于乙醇，在空气中易受潮，需密封干燥储存。

② 维生素B_2　黄色或橙色结晶粉末，易溶于碱性溶液中，易被光照影响变质，应避光密封，干燥储存。

③ 叶酸　紫外光照下失去活力，酸性或碱性溶液加热即被破坏。因此，需密封、避光储藏。

④ 烟酸（维生素B_5）对光、热、空气或碱均不敏感，故在预混料添加剂中相当稳定，要密封储藏保管。

⑤ 维生素B_6　白色或微黄色结晶粉末，遇光变质，水溶液呈酸性反应。但在中性，特别是碱性溶液中，对光不稳定，故应避光、密封保存。

⑥ 维生素B_{12}　暗红色，吸湿性结晶，溶于甲醇、乙醇中，略溶于水，其水溶液在pH值4.5～5.0时最稳定，要密封储藏、避光保存。

⑦ 泛酸钙　白色或微黄色粉末，可溶于水。在光照下和空气中稳定，应密封、干燥保存。

⑧ 维生素C　白色或浅黄色结晶或粉末。味酸，易溶于水和乙醇中，又称抗坏血酸，保存于干燥阴凉处，避免与金属接触。

⑨ 生物素　也叫维生素B_7，白色粉末，溶于水，易氧化，其纯品在室温、空气中稳定，中性水溶液中较稳定，可保存数

日；在常温下每月损失不超过1%。在碱性溶液中不稳定，其水溶液极易生长霉菌，应密封，干燥、避光储存。

⑩ 氯化胆碱 又叫维生素B_4，白色结晶，易溶于水和醇，在空气中极易潮解，用量较大，应密封保藏于棕色玻璃瓶中或双层塑料袋中，于干燥阴凉处保存。

3. 微量元素矿物质类

(1) 硫酸亚铁（$FeSO_4$） 主要有$FeSO_4 \cdot 7H_2O$和$FeSO_4 \cdot H_2O$两种，能溶于水，不溶于醇，其水溶液在空气中缓慢氧化，热时氧化快，加入碱或露光则加快氧化，故需密封避光保存。

(2) 硫酸铜（$CuSO_4 \cdot 5H_2O$） 易溶于水及甲醇、甘油中，在空气中缓慢氧化，应密封避光保管。

(3) 氧化铜（CuO） 能溶于稀酸，缓溶于氨水，几乎不溶于水和醇，根据用途需要，可制成颗粒、粉状添加剂，需密封干燥保存。

(4) 硫酸锰（$MnSO_4 \cdot H_2O$） 干燥空气中风化，能溶于水，不溶于醇，于阴凉处密封保存。

(5) 硫酸锌（$ZnSO_4$） 有$ZnSO_4 \cdot 7H_2O$和$ZnSO_4 \cdot H_2O$两种，在干燥空气中易风化、结块，易溶于水，不溶于醇，含一个分子结晶水者不易结块，应密封干燥保存。

(6) 氧化锌（ZnO） 能溶于稀酸、氨水，几乎不溶于水，在常温下能升华，要密封保存。

(7) 硫酸镁（$MgSO_4 \cdot 7H_2O$） 易溶于水，略溶于甘油，微溶于醇，易吸潮，于干燥处密封保存。

(8) 氯化钴（$CoCl_2 \cdot 6H_2O$） 能溶于水、醇、醚，易吸水，能升华，需要密封防潮保存。

(9) 碘化钾（KI） 潮湿空气中储存析出游离碘，能溶于水、醇、甘油，应密封避光干燥、阴冷保存。

(10) 亚硒酸钠 (Na_2SeO_3) 干燥空气中表面氧化失水，易溶于水，易被还原剂还原，需密封、干燥储存于阴冷处，亚硒酸钠为剧毒品，要专人负责保管使用，用量极微，常作预混添加剂。

4. 药物性添加剂类

药物性添加剂在储藏保管时一般应注意以下几点。

① 容器应密闭，如经常与空气接触可发生氧化、潮解、风化变质。

② 防止阳光紫外线破坏药物成分而失效变质。

③ 防高温高湿。高温（30℃以上）导致添加药物氧化还原加速，有效成分下降或失效。高湿条件下可使添加剂受潮，结块、霉变致使药效降低。

④ 中草药添加剂应存放于干燥通风处，并经常检查，防虫、防霉变、防潮、防火。

⑤ 镇静药及剧毒药物添加剂应采用专橱保存，专人管理。

⑥ 注意各类药物添加剂理化特性及对酸、碱、热、光等的稳定性，按储藏时间与效价变化等适时保管及时处理应用。

5. 抗氧化剂类

(1) 丁基羟基甲醚（BHA） 难溶于水，可溶于醇，对热相当稳定，也应避光储存。

(2) 二丁基羟基甲苯（BHT） 对水、醇、油脂、醚等溶度在50%以下，对热相当稳定，不会与金属离子反应着色，需避光储藏。

(3) 乙氧基喹啉 不溶于水，溶于有机溶剂、油和脂肪，暴露日光空气中色泽变深，需密闭厌氧储藏，为水果保鲜剂。

(4) 大豆磷脂 有吸湿性，光照下迅速变黄色不透明状，溶于有机溶剂，遇水膨胀，故需厌氧、避光、防潮保存。

6. 防霉剂类

(1) 丙酸钠　无色结晶或白色粉末，在湿空气中易潮解，易溶于水和醇，对于此种药物必须密闭、干燥保存。

(2) 丙酸钙　白色结晶粉末，能溶于水，几乎不溶于醇或丙酮，对其应密封防潮保存。

(3) 丙酸　无色液体，有刺激味，能与水混合，溶于醇和醚，有腐蚀性，需密封储存保管。

(4) 山梨酸　白色针状结晶，溶于醇、醚等多种有机溶剂，微溶于热水，对光、热稳定，需要密封在40℃下干燥保存。

(5) 苯甲酸　白色颗粒或结晶状粉末，易溶于水，微溶于醇，应密封储藏保管。

(二) 饲料添加剂的储藏与保管中应注意的问题

添加剂属微量成分，在饲料中所占的比例很小，又常因原料质量、加工工艺及储藏与保管期间的含水量、温度、湿度、光照、酸碱度和使用方法不当，对添加剂的质量影响很大，常因对这些问题不够重视而造成饲料添加剂的失效。尤其对维生素的效价更应给以注意。一般饲料添加剂在储藏与保管中应注意以下几个问题。

1. 保持干燥

一般饲料添加剂中的微量组分会从空气中吸取水分而使其表面形成一层水膜，发生溶解及化学反应，从而使饲料添加剂的效价降低，影响添加剂的质量。其效价的损失率往往随空气中或饲料中水分的增加而增加，这对维生素等有机物类添加剂及亲水可溶性组分的不良影响尤为明显，对于微量元素矿物质类添加剂，也会吸湿返潮而引起潮解和结块等影响添加剂或饲料的混合均匀度，影响维生素等成分的稳定性及腐蚀、损坏加工设备，也会降低饲料添加剂的生物效价和饲喂效果。因此，饲料添加剂在储藏和保管中应当保持干燥，以免影响质量。

2. 保持低温和避光

饲料添加剂中的活性成分在低温下往往表现非常稳定。当环境温度升到14℃时，可见到较不稳定的添加剂在储藏过程中逐渐失去活性，效价开始降低；夏天温度高时，效价损失量增加。因此，一般规定饲料添加剂的储存温度不得超过30℃，尤以在冷冻条件下储藏为好。直射阳光，特别是其中的紫外线对添加剂活性成分的破坏更严重。因此，在储藏与保管过程中也要注意避光，以保证添加剂的质量。

3. 保持适宜的酸碱度（pH值）

饲料添加剂原料中许多微量成分对酸或碱均很敏感。当饲料中或空气中有足够的湿度时，会使其微量成分的粒子形成一层薄湿膜，从而降低添加剂的活性，影响效价。因此，大部分饲料添加剂的适宜酸碱度（pH值）应为5.5～6.5。

4. 储藏时间要短

饲料添加剂的活性成分，特别是维生素类，易受水分、光、热、酸、碱以及氧化还原反应等的影响而不同程度地失效，所以对这类添加剂要求最好在生产后1个月使用完；经特殊处理和储藏在20℃以下低温，干燥条件下的添加剂，其储存期也不宜超过3个月。对矿物质微量元素添加剂与维生素添加剂混合在一起的复合添加剂预混料，其储存时间不宜过长，一般不要超过1周时间，以防发生化学反应，影响其效价。对于维生素添加剂及其与微量元素添加剂混合的复合添加剂要做到快产、快销、快用为好。

5. 注意矿物质的影响

饲料添加剂的研究证明，许多矿物盐类会促进维生素的分解，如铜、锌、锰、碘等不宜与维生素添加剂预混在一起，否则会使维生素添加剂的效价降低。

此外，胆碱或氯化胆碱具有强碱性质，对维生素A、维生素C等均有破坏作用。因此，在使用胆碱或氯化胆碱时应特殊处理，以免降低其他维生素的效价。

6. 包装要讲究

对包装材料要根据添加剂的稳定性来选定，不宜散装。例如，对维生素添加剂最好选用避光玻璃瓶装或用四层包装（三层牛皮纸和一层塑料薄膜）；对微量元素添加剂则宜采用两层牛皮纸和中间夹一层塑料薄膜的包装袋，以减少外界因素的影响，从而可以适当延长储存期，确保添加剂的质量。

三、饲料添加剂的使用方法

使用饲料添加剂，可提高饲料品质，增进动物健康，提高动物生产和饲料利用率，增加经济效益。但使用不当，则会产生相反的结果。因此，使用时必须注意以下几点。

1. 防止盲目性

饲料添加剂品种繁多，须根据实际需要来使用，按动物饲养目的和动物生长发育中对某些成分利用状况进行选择，不可盲目乱用。

2. 防止过量使用

饲料添加剂是指饲料中应添加的微量成分，因此用量不宜过大，否则容易引起中毒现象，造成经济损失。

3. 防止单独使用

由于添加剂用量小，切勿单独用，必须与饲料混合均匀，以提高饲料利用率。

4. 防止与水或发酵饲料混用

使用添加剂必须与干饲料（干粉料）混合，不得混于加水的饲料或发酵饲料中，更不能与饲料一起煮沸使用，以免造成添加剂失效。

5. 防止混用使添加剂失效

矿物质添加剂最好不要与维生素添加剂在一起，以防止维生素添加剂中各种成分被氧化而失效。

第三章

我国主要淡水养殖鱼类的生物学特征

第一节

鲤鱼的生物学特征

一、鲤鱼的分类与形态特征

鲤（*Cyprinus carpio*）属于硬骨鱼纲、鲤形目、鲤科、鲤属。俗名鲤拐子、鲋仔等。原产于亚洲，后引进欧洲、北美以及其他地区。体延长，稍侧扁，体长可达 1 米左右。体青黄色，尾鳍下叶红色。下咽齿呈臼齿形。背鳍基部较长。背鳍、臀鳍均具有粗壮的、带锯齿的硬刺。侧线鳞 34～40。鳃耙外侧 18～24。口端位，马蹄形，触须 2 对，后对为前对的 2 倍长。身体背部纯黑，侧线下方近金黄色。鳞片大而厚，尾鳍有 3 根棘与 17～19 个鳍条，最后单一的臀鳍鳍条多骨，而且在后部呈锯齿状，有 17～20 个分枝的背鳍鳍条（图 3-1）。

二、鲤鱼的品种

鲤鱼养殖历史悠久，我国养鲤已有 2400 余年历史，除西部高原外，各地淡水中都产，是重要的养殖鱼类。由于地理分布不同，经过长期的人工和自然选择，而发生类群差别，已培育出许多养殖品种，如建鲤、散鳞镜鲤、松浦镜鲤、革鲤、丰鲤、兴国红鲤、荷包红鲤、玻璃红鲤、锦鲤、芙蓉鲤、火鲤、团鲤等都是鲤鱼的变种，品种不同，其体态颜色各异。

1. 建鲤

鲤亚科鲤属的一种。为长体形，比野鲤背高、体宽，但比常

图 3-1　鲤鱼（引自 http://image.haosou.com/）

见的杂交鲤体长。由于建鲤体形健美，含肉量高，肉质鲜美，深受消费者的欢迎，将成为鲤鱼市场的当家品种。建鲤是以特定的荷包红鲤和沅江鲤为亲本，采用家鱼选育、系间杂交及染色体组工程（雌核发育）等综合育种的新工艺，经六代定向选育育成的良种。具有生长速度快、适合多种养殖方式饲养、抗病力强、易起捕、含肉量多、肉质好，以及能自繁自育，不需杂交制种，可降低成本、节约劳力，便于推广等优点。据各地养殖场的情况反映，建鲤的生长速度比其他杂交鲤快 30%～40%，只要适时繁殖、养好乌仔、抓紧分塘、强化培育（大规格夏花鱼种）、提早放养，当年即可养成食用鱼（图 3-2）。

2. 散鳞镜鲤

散鳞镜鲤是一种几乎没有鳞片的鲤鱼，又称镜鲤（三道鳞），该品种是从德国引进的品种，经过黑龙江水产研究所 20 多年的系统选育，已选育出适于我国大部分地区养殖的德国镜鲤选育系。镜鲤体形较粗壮，侧扁，头后背部隆起，头较小，眼较大，体表鳞片较大，沿边缘排列，背鳍前端至头部有 1 行完整的鳞片，背鳍两侧各有 1 行相对称的连续完整鳞片，各鳍基部均有

图 3-2　建鲤（引自 http://image.haosou.com/）

鳞，个别的个体在侧线上见有少数鳞片。侧线大多较平直、不分枝，个别个体的侧线末端有较短的分枝（图 3-3）。

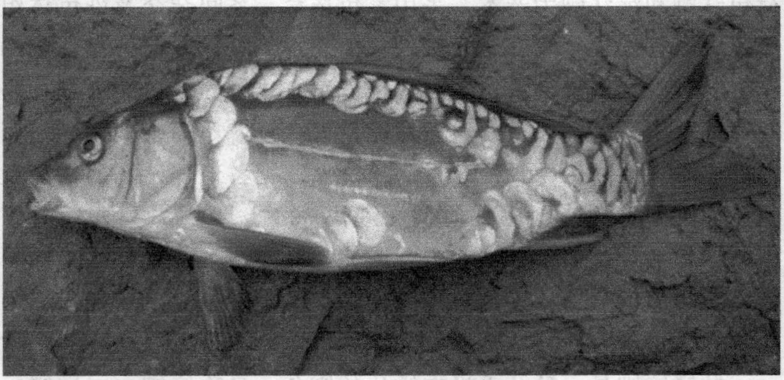

图 3-3　散鳞镜鲤（引自 http://image.haosou.com/）

3. 松浦镜鲤

松浦镜鲤是中国水产科学研究院黑龙江水产科学研究所利用德国镜鲤第四代选育系（F4）与散鳞镜鲤杂交而成功选育得到的一个镜鲤新品种。松浦镜鲤与常规养殖的鲤鱼品种相比，具有体形完好、含肉率高、生长速度快、成活率高、适应性强和抗病力强、易垂钓或捕起、人工驯化程度高、养殖经济效益高等诸多优点。2009 年 1 月 6 日通过了全国水产原种和良种审定委员会的审定。松浦镜鲤在头长、吻长、眼径、尾柄长和鳃耙数五个性状上与双亲不同，表现出头小、吻延长、吻骨发达、眼径扩大、鳃耙数增加等有利运动和摄食的性状，而其他性状都介于双亲之间；背高而厚，体表基本无鳞，光滑得像镜子一样，群体无鳞率可达 66.67%（图 3-4）。

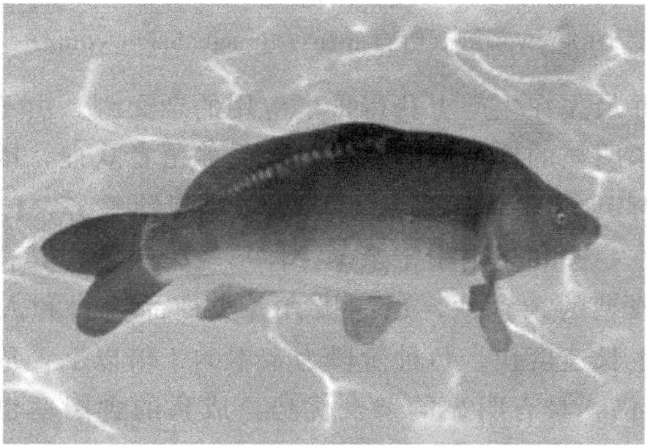

图 3-4 松浦镜鲤（引自 http://image.haosou.com/）

4. 革鲤

革鲤俗名“贵妃鱼”，原产地德国，是一种体态较粗、侧扁、头后背部隆起、无鳞且含肉率高的淡水鱼种。贵妃鱼含肉率高达 75.6%～78.4%，脂肪含量却只有 1.6%，是一种典型的高蛋白低脂肪鱼类，口感肉质细嫩。与日本锦鲤杂交培育出德国黄金、德国红白、秋翠等革鲤品系的锦鲤（图 3-5）。

5. 丰鲤

丰鲤是由中国科学院水生生物研究所选育，以兴国红鲤为母本、散鳞镜鲤为交本，通过杂交而获得的杂种一代，是我国最早

图 3-5 革鲤（引自 http://image.baidu.com/）

研究成功并最先在生产上获得推广应用的杂交鲤。由于在渔业生产中发挥了明显的增产丰收效果，颇受养殖者欢迎，因此被群众誉为“丰鲤”。丰鲤体色青灰，全身鳞片规则整齐，体高和体宽均大于亲本，头和吻则小于亲本。体形较为粗壮，其食性同鲤鱼一样，是典型的杂食性，也能摄食各类商品饵料和人工配合饲料。丰鲤生长速度快，鱼种阶段为亲本的 1 倍以上，成鱼阶段为母本 1.32 倍，具有明显的杂交优势。成鱼的含肉率也高于其母本（图 3-6）。

6. 兴国红鲤

兴国红鲤产于江西省兴国县，与婺源县的荷包红鲤和万安县的玻璃红鲤一起并称“江西三红”。兴国红鲤具有背宽肉厚、肉质鲜嫩、生长快、食性广和抗病性强等优点，其经济价值较高，既可食用，也有观赏价值。同时，兴国红鲤还是重要的杂交亲本，杂交亲和力强，容易与其他鲤鱼或鲫鱼杂交，杂种大多具有明显的杂种优势，如丰鲤（兴国红鲤♀×散鳞镜鲤♂）、芙蓉鲤（散鳞镜鲤♀×兴国红鲤♂）和兴德鲤（兴国红鲤♀×德国镜鲤♂）、异育银鲫（方正银鲫♀×兴国红鲤♂）、丰产鲫（彭泽鲫♀×兴国红鲤♂），它们的亲本选用的都是兴国红鲤

图 3-6　丰鲤（引自 http://baike.baidu.com/）

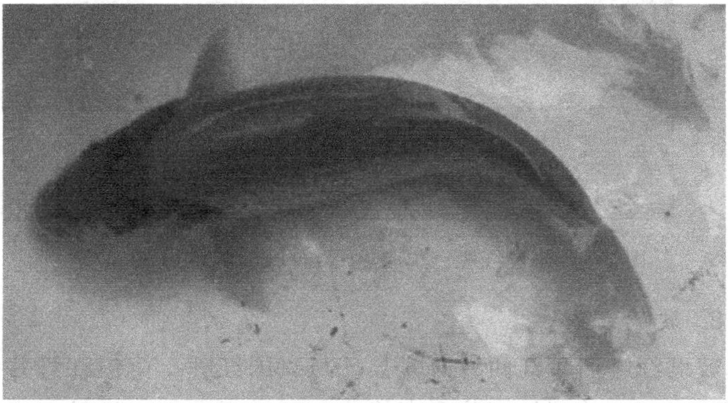

图 3-7　兴国红鲤（引自 http://baike.baidu.com/）

（图 3-7）。

7. 荷包红鲤

荷包红鲤产于江西省婺源县，是当地独有的传统养殖鱼类，因色泽鲜红、头小尾短、背高体宽、背部隆起、腹部肥大、形似荷包而得名。与兴国红鲤、玻璃红鲤并列为“江西三红”。荷包红鲤是重要的杂交亲本，杂交亲和力强，容易与其他鲤鱼杂交，杂交后代大多具有明显的杂种优势。荷元鲤、岳鲤、三杂交鲤和建鲤等均以荷包红鲤作为母本，将荷包红鲤的卵核移植到鲫鱼的去核卵中培育出了鲤鲫移核鱼，颖鲤父本就是鲤鲫移核鱼，用荷包红鲤与黑龙江野鲤和锦鲤杂交培育出了荷包红鲤抗寒品系和锦鲤抗寒品系，大大提高了荷包红鲤和锦鲤在严寒地区露天越冬的成活率。荷包红鲤对促进我国水产养殖生产的发展起到了很大的作用（图 3-8）。

图 3-8　荷包红鲤（引自 http://baike.baidu.com/）

8. 玻璃红鲤

玻璃红鲤产于江西省万安县。与兴国红鲤、荷包红鲤并列为“江西三红”。玻璃红鲤除形态艳美，可供观赏外，且具有肉质细嫩、味道鲜美、营养丰富等特点。据测定，其蛋白质和脂肪含量均超过一般鲤鱼，是人们喜食的宾宴佳品。玻璃红鲤鱼是万安县科技人员培育的一个新品种。玻璃红鲤体色鲜红，幼鱼阶段鱼体透明，肉眼可视内脏、鳃等器官；成鱼仍可透过鳃盖，看见鳃轮廓，颇具观赏性。体长 7 厘米以下的幼鱼，全身透明，肉眼可透视内脏；体长达 10～13 厘米时，透明度逐渐降低。但随着鱼体的增长、肌肉的增厚，仍然可以透视出鳃部轮廓。除独特的透明性状外，还具有体色红、生长快和耐长途运输等优良性状。玻璃红鲤在充氧条件下，气温 30℃时，运输 2000 千米以上，其成活率在 90%以上（图 3-9）。

图 3-9 玻璃红鲤（引自 http://baike.baidu.com/）

9. 锦鲤

锦鲤（Cyprinus carpio haematopterus）是风靡当今世界的一种高档观赏鱼，有“水中活宝石”“会游泳的艺术品”的美称。由于它对水质要求不高，食性较杂，易繁殖，所以得到人们的赞美、喜爱。锦鲤体格健美、色彩艳丽、花纹多变、泳姿雄然，具极高的观赏和饲养价值。其体长可达 1～1.5 米。锦鲤在我国已有 1000 余年的养殖历史，其种类有 100 多个，锦鲤各个品种之间在体形上差别不大，主要由不同的色彩、图案和鱼鳞来区分。锦鲤的色彩有 1～3 种颜色，其中包括白色、黄色、橙色、红色、黑色和蓝色（一种由于鱼鳞下黑色所呈现的浅灰色阴影），颜色呈无光或有光泽的。尽管图案有着无尽的变化，但最好的图案是头顶的圆形小斑点和背部阶梯石状的图案。鱼鳞可以有，也可以没有；大或小；或者有皱褶，如同“钻石”一般（图 3-10）。

图 3-10 锦鲤（引自 http://baike.baidu.com/）

三、鲤鱼的习性

鲤鱼适应性强，能耐寒、耐碱、耐缺氧。可在各种水域中生活。为广布性鱼类，是典型的杂食性鱼类。其食物可分为动物性和植物性两大类。动物性食料有螺类、蚬类、淡水壳菜、摇蚊幼虫、脉翅目幼虫、虾、幼鱼等，植物性食料有轮叶黑藻、苦草、茨藻、芡实的果实、腐烂的植物碎片。其肠管中的食物种类有季节性变化，春夏季以植物性食物为主，秋季则以动物性食物为主，冬季高等植物种在其肠管中的出现率增加。鲤鱼的咽喉齿有3排，它们能把水草切断，也能把螺壳压碎，这也是机体构造的一种适应。鲤鱼对食料的适应范围很广，对其他生活条件的要求也并不十分严格，因此其生活力特强，分布非常广泛。

鲤鱼是比较大型的鱼类。通常体重为1～2.5千克，大的可达10～15千克，最高记录40千克。鲤鱼生长较快，体长的增长以1～2龄时为最快，体重的增长则以4～5龄时为最快。但与青鱼、草鱼、鲢鱼、鳙鱼比较，相对比较慢一些。不同水域中生长的鲤鱼，其生长差异很大，长江中的鲤鱼比黑龙江的鲤鱼生长快，也比湖泊中的鲤鱼和水库中的鲤鱼生长快。这是由摄食条件、生长期及栖息环境不同而造成的。

鲤鱼不仅可以在江河中产卵，也能在湖泊、水库、池塘等静水中产卵，卵为黏性卵。性成熟年龄在我国一般南早北迟，通常2龄成熟，产卵季节也有地区差异，一般于清明前后在河湾或湖泊水草丛生的地方繁殖，分批产卵，卵黏性强，黏附于水草上发育。4～5月是盛产期；我国东北地区比较寒冷，6月才开始产卵。怀卵量变动幅度大，从8千多粒直至200多万粒不等。当水温在25℃时，经4天便可孵出鱼苗。

鲤鱼是底栖性鱼类。喜欢在水体的下层活动。春天，在生殖后大量摄食肥育，冬季则游动迟缓，在江中进入深水处，在湖泊则往往游入水草丛生的水域或者深水处越冬。鲤鱼对水体环境和繁殖等条件反映出其特别强的适应性，所以也能在各种水域中很好地生活。

第二节

青鱼的生物学特征

一、青鱼的分类与形态特征

青鱼（*Mylopharyngodon piceus*）属硬骨鱼纲、鲤形目、鲤科、青鱼属。青鱼也称黑鲩、螺蛳青。体形较长，体态也较大，平均每条商品鱼的体重为5～7千克。体形略呈圆筒形，头部稍平扁，呈圆筒状，它的嘴呈弧形，上颌稍长于下颌，无须。腹部平圆，无腹棱。尾部稍侧扁，吻钝。背鳍和臀鳍无硬刺，背鳍与腹鳍相对。体背及体侧上半部为青黑色，腹部是灰白色，各鳍均呈灰黑色。上颌骨后端伸达眼前缘下方。眼间隔约为眼径的 3.5 倍。鳃耙 15～21 个，短小，乳突状。咽齿一行，4(5)/5(4)，左右一般不对称，齿面宽大，臼状。鳞大，圆形。侧线鳞 39～45；背鳍Ⅲ，7；臀鳍Ⅲ，8 [3]（图 3-11）。

图 3-11　青鱼（引自 http://baike.baidu.com/）

二、青鱼的习性

青鱼是我国传统的“四大家鱼”（指青鱼、草鱼、鲢、鳙四种淡水养殖鱼类）之一，个体大，生长迅速，最大个体达 70 千克。肉味美，为我国主要淡水鱼类养殖对象。青鱼习性不活泼，通常栖息在水的中下层，食物以螺蛳、蚌、蚬、蛤等为主，也捕食虾和昆虫幼虫。分布于我国各大水系，主产于长江以南平原地区。青鱼的生存温度为 0～40.5℃，最适宜的生长温度为 20～30℃，而对水质的要求也很严格，最适宜的 pH 值为 7～8.5，在自然养殖条件下，它的生长也很迅速，通常从小仔鱼到商品鱼要 4 年，而它的重量则是几十倍的增长速度。在鱼苗、鱼种阶段主要摄食浮游动物。这时的体长也只有 3～4 厘米。当体长约 15 厘米时，就会转变食性，开始摄食小螺蛳等。而到 1 龄鱼时，也就是经过 1 年的生长，这时 1 龄鱼就可长至 100 克，2 龄鱼的体重 2.5～3 千克，3 龄鱼在良好环境中可至 6.5～7.5 千克，青鱼体重增长以 1～2 龄时最快，5 龄以后其增长速度就很慢。

在“四大家鱼”中，青鱼的人工繁殖孵化工作是最为困难的，而且催产也很困难，人工繁殖采取多次注射催产激素及脑垂体等方法。繁殖与生长的最适温度为 22～28℃。长江青鱼首次成熟的年龄为 3～6 龄，一般为 4～5 龄，雄鱼提早 1～2 龄。雌鱼成熟个体一般长约 1 米，重约 15 千克。雄鱼成熟个体一般长约 900 毫米，重约 11 千克。繁殖季节为 5～7 月。江河水的一般性上涨即能刺激其产卵。4～5 龄性成熟，在河流上游产卵，可人工繁殖。产卵活动较分散，延续时间较长。产卵场分布于长江重庆至道士袱江段，支流汉水、湘江中也有，但规模不大。绝对怀卵量每千克体重平均为 10 万粒（成熟系数 14% 左右）；经人工催产每千克体重约可获卵 5 万粒。卵漂流性，卵膜透明，卵径 1.5～1.7 毫米，吸水膨胀后可达 5.0～7.0 毫米。精子排入淡水后一般只在 1 分钟内具有受精能力。胚胎发育适温 18～30℃，最适温度 (26±1)℃，低于 17℃或高于 30℃就会引起发育停滞或畸形。在水温为 21～24℃时约 35 小时孵出仔鱼。初孵仔鱼淡黄色，长 6.4～7.4 毫米，略弯曲。青鱼苗在卵黄囊消失和鳔出现后，其头、背呈现“岂”状黑色花纹。繁殖期间，雄鱼的胸鳍内侧、鳃盖及头部出现珠星，雌鱼的胸鳍则光滑无珠星。

第三节

草鱼的生物学特征

一、草鱼的分类与形态特征

草鱼（*Ctenopharyngodon idellus*）属于硬骨鱼纲、鲤形目、鲤科、雅罗鱼亚科、草鱼属。地方名有鲩鱼、草根子、鱼厚、猴子鱼等。草鱼的体形略呈圆筒形，头部稍平扁，尾部侧扁；口呈弧形，口下位，无须；吻非常短，上颌略长于下颌；鱼体呈金黄色，背部呈青绿色，腹部呈灰白色，鳞片大而圆，鳞片的边缘灰黑色。侧线较平直。背鳍和尾鳍灰色，背鳍较短，胸鳍、腹鳍呈橙黄色，其体较长，腹部无棱。头部平扁，尾部侧扁。下咽齿二行，侧扁，呈梳状，齿侧具横沟纹，适合切割草类。背鳍和臀鳍均无硬刺，背鳍和腹鳍相对（图 3-12）。

二、草鱼的习性

草鱼是我国著名的“四大家鱼”之一，为我国主要淡水鱼类养殖对象。草鱼分布于我国各大水系，栖息于平原地区的江河湖泊，一般喜居于水的中下层和近岸多水草区域。在池塘饲养条件下，常栖息在水的中层，只有吃食时才到上层活动。草鱼活动力很强，是典型的草食性鱼类，常以高等水生植物为主要食料。草鱼的食草有苦草、轮叶黑藻、马来眼子草、浮萍、飘莎、金鱼藻、空心菜、凤眼莲、象草、苏丹草和宿根黑麦草等。在鱼苗阶段，主要摄食池塘中的浮游动物，如昆虫、枝角类和摇蚊幼虫

图 3-12 草鱼（引自 http://baike.baidu.com/）

等，也摄食商品饲料。在鱼种逐渐长大以后才以食草为主。鱼种阶段以浮萍为最佳食料，以后由嫩草转为较大植物性食物。草鱼食量大，最大日食量可达鱼体重量的 60%～70%，但它没有消化纤维素的酶，所以对草的消化率很低、排粪量大。草鱼喜清澈水域，多在水草茂盛的流水中活动。池塘养殖时，由于草鱼排粪量多，常常会使水质过肥，而不适宜草鱼生活，故宜在草鱼池中混养鲢鱼、鳙鱼，能净化水质，起到互利共生之作用。

在“四大家鱼”中，草鱼生长速度较快，一般饲养 2 年就可长到 3～5 千克。繁殖季节具有河湖洄游的习性，性成熟的个体在江河、水库等流水中产卵，产卵后的亲鱼和幼鱼进入支流及通江湖泊中，通常在被水淹没的浅滩草地和泛水区域以及干支流附属水体（湖泊、小河、港道等水草丛生地带）摄食育肥。草鱼和其他几种家鱼的繁殖情况相类似，在自然条件下，不能在静水中产卵。产卵地点一般选择在江河干流的河流汇合处、河曲一侧的深槽水域、两岸突然紧缩的江段为适宜的产卵场所。生殖季节和鲢相近，较青鱼和鳙稍早。生殖期为 4～7 月，比较集中在 5 月。一般江水上涨来得早且猛，水温又能稳定在 18℃左右时，草鱼产卵即具规模。草鱼的生殖习性和其他家鱼相似，达到成熟年龄的草鱼卵巢，在整个冬季（12 月至翌年 2 月）以Ⅲ期发育阶段越冬；在 3～4 月水温上升到 15℃左右，卵巢中的Ⅲ期卵母细胞很快发育到Ⅳ期，并开始生殖洄游，在溯游过程中完成由Ⅳ期到Ⅴ期的发育，在溯游的行程中如遇到适宜于产卵的水位条件刺激时，即行产卵。通常产卵是在水层中进行，鱼体不浮露水面，习称“闷产”；但遇到良好的生殖生态条件时，如水位陡涨并伴有雷暴雨，这时雌、雄鱼在水的上层追逐，出现仰腹颤抖的“浮排”现象。卵受精后，因卵膜吸水膨胀，卵径可达 5 毫米上下，顺水漂流，在 20℃左右发育最佳，30～40 小时孵出鱼苗。草鱼以其独特的食性和觅食手段而被当做拓荒者而移植至世界各地。

草鱼生长迅速，就整个生长过程而言，体长增长最迅速时期为 1～2 龄，体重增长则以 2～3 龄为最迅速。当 4 龄鱼达性成熟后，增长就显著减慢。1 冬龄鱼体长为 340 毫米左右，体重为 750 克左右；2 冬龄鱼体长约为 600 毫米，体重约 3.5 千克；3 冬龄鱼体长为 680 毫米左右，体重约 5 千克；4 冬龄鱼体长为 740 毫米左右，体重约 7 千克；5 冬龄鱼体长可达 780 毫米左右，体重约 7.5 千克；最大个体可达 40 千克左右。草鱼广泛分布于我国除新疆和青藏高原以外的广东至东北的平原地区。自 1958 年人工催产授精孵化成功后，已移植至亚洲、欧洲、美洲、非洲各洲的许多国家。

第四节

鲢鱼的生物学特征

一、鲢鱼的分类与形态特征

鲢（*Hypophthalmichthys molitrix*）属硬骨鱼纲、鲤形目，

鲤科，鲢亚科，鲢属。俗称白鲢、鲢子、跳鲢、边鱼。体侧扁，头较大，但远不及鳙。口阔，端位，下颌稍向上斜。鳃耙特化，彼此联合成多孔的膜质片。口咽腔上部有螺形的鳃上器官。眼小，位置偏低，无须。下咽齿勺形，平扁，齿面有羽纹状，鳞小。自喉部至肛门间有发达的皮质腹棱。胸鳍末端仅伸至腹鳍起点或稍后。体银白，各鳍灰白色。形态和鳙鱼相似，鲢鱼性急躁，善跳跃。是我国“四大家鱼”之一。鲢是我国的主要养殖鱼类，在淡水鱼中占较大比重。在分类学上鲢唯有一个种，但由于长期的地理分隔，长江、珠江、黑龙江，鲢鱼种群间的差异很大（图 3-13）。

图 3-13　鲢鱼（引自 http://baike.baidu.com/）

二、鲢鱼的习性

鲢鱼属中上层鱼。春、夏、秋三季，绝大多数时间在水域的中上层游动觅食，冬季则潜至深水越冬。属于典型的滤食性鱼类。鲢鱼终生以浮游生物为食，在鱼苗阶段主要吃浮游动物，长达 1.5 厘米以上时逐渐转为吃浮游植物，并喜吃草鱼的粪便和投放的鸡、牛粪。亦吃豆浆、豆渣粉、麸皮和米糠等，更喜吃人工微颗粒配合饲料。对酸味食物很感兴趣，对糟食也很有胃口。鲢鱼的饵食有明显的季节性。春秋除浮游生物外，还大量地吃腐屑类饵料；夏季水位越低，其摄食量越大；冬季越冬少吃少动。适宜在肥水中养殖。肠管长度为体长的6～10倍。食欲与水温成正比。鲢鱼喜高温，最适宜的水温为23～32℃。炎热的夏季，鲢鱼的食欲最为旺盛。在北方7～8月是钓鲢的好时机，秋分以后，天气渐凉，鲢鱼食欲有所降低，就难以钓到了。鲢鱼性情活泼，喜欢跳跃，有逆流而上的习性，但行动不是很敏捷，比较笨拙。鲢鱼喜肥水，个体相仿者常常聚集群游至水域的中上层，特别是水质较肥的明水区。胆子小怕惊扰。当受到惊扰或碰到网线时，便纷纷跳出水面越网而逃。生长速度快、产量高。鲢鱼的性成熟年龄较草鱼早1～2年。成熟个体也较小，一般3千克以上的雌鱼便可达到成熟。5千克左右的雌鱼相对怀卵量4万～5万粒/千克体重，每年4～5月产卵，绝对怀卵量20万～25万粒。卵漂浮性。产卵期与草鱼相近。在池养条件下，如果饵料充足，当年鱼可长到500～800克，3龄鱼体重可达3～4千克，在天然河流中可重达30～40千克。耐低氧能力极差，水中缺氧马上浮头，有的很快便死亡。鲢广泛分布于亚洲东部，在我国各大水系，随处可见。此鱼生长快，从2龄到3龄，鲢体重可由1千克增至4千克，最大个体可达40千克。

第五节

鳙鱼的生物学特征

一、鳙鱼的分类与形态特征

鳙（*Aristichthys nobilis*），属硬骨鱼纲、鲤形目、鲤科、鲢

亚科、鳙属。也称“花鲢”“胖头鱼”。鳙鱼体侧扁，头极肥大。口大，端位，下颌稍向上倾斜。鳃耙细密呈页状，但不联合。胸鳍长，末端远超过腹鳍基部。体侧上半部灰黑色，腹部灰白，两侧杂有许多浅黄色及黑色的不规则小斑点。体侧扁较高，体长达1米多。背面暗黑色，具小黑斑。头大，口中等大，眼下侧位。腹面从腹鳍至肛门具肉棱，胸鳍末端伸越腹鳍基底。咽齿齿冠光滑无纹。栖息水的中上层，以浮游动物为食。4龄以上性成熟，可人工繁殖。最大体重35～50千克。为我国主要淡水鱼类养殖对象。分布于我国各大水系（图3-14）。

图3-14 鳙鱼（引自 http://baike.baidu.com/）

二、鳙鱼的习性

鳙鱼的食物是水中大量生长的浮游生物。它的鳃耙细长而排列紧密，但没有骨质桥，也没有筛膜，因此滤水作用较快，滤集浮游动物的能力较大。食物的主要组成是轮虫、甲壳动物的枝角类，也包括多种藻类。从个体数量上看，藻类往往多于动物性食物。但从体积上来看，动物性食物仍占主要成分。从鳙的摄食特点可以看出，它是一种不断摄食食物的种类，在浮游生物的生长季节内，只要嘴不断张闭，食物就不断地随水进入口腔。从食性特点也可以看出，它是一种中上层的类型。鳙的肠管长度一般为体长的 5 倍左右。

长江鳙鱼体长的生长速度快于珠江，原因是虽然珠江适温期比长江要多 2 个月，但浮游生物的平均生物量显著少于长江。而在人工施肥的池塘中，鳙鱼的生长情况则依各地的气候及水中饵料的生物丰度而有较大的差异。

在自然条件下，鳙鱼与其他家鱼一样，其性腺在静水中可以发育，但卵子成熟却需要江河水环境和水位上涨等生态条件。在长江的干流、支流中，每年 4 月下旬至 7 月上旬，当流域内降雨汇集干流造成水位上涨、水温达到 18℃时，亲鱼在溯流过程中性腺迅速成熟，由Ⅳ期转入Ⅴ期即行产卵和受精，鱼卵受精后顺水漂流发育，孵化成鱼苗。

据调查，鳙鱼成熟年龄，珠江流域为 3～4 年，长江流域为 4～5 年。鳙鱼的怀卵量较大，成熟系数一般在 20%左右，相对怀卵量在 110～160 粒/克体重之间，绝对怀卵量随着体重的增长而增加，成正相关。

第六节

鲫鱼的生物学特征

一、鲫鱼的分类与形态特征

鲫鱼（*Carassius auratus*），属硬骨鱼纲、鲤形目、鲤科、鲫属。简称鲫，俗名鲫瓜子、月鲫仔、土鲫、细头、鲋鱼、寒鲋。头像小鲤鱼，形体黑胖（也有少数呈白色），背部为深灰色，腹部为浅白色，肚腹中大而脊隆起。大的体重可达 500～1000 克。体长 15～20 厘米。呈流线形（也叫梭形），体高而侧扁，前半部弧形，背部轮廓隆起，尾柄宽；腹部圆形，无肉棱。头短小，吻钝。无须。鳃耙长，鳃丝细长。下咽齿一行，扁片形。鳞片大。侧线微弯。背鳍长，外缘较平直。鳃耙细长，呈针状，排列紧密，鳃耙数 100～200。背鳍、臀鳍第 3 根硬刺较强，后缘有锯齿。胸鳍末端可达腹鳍起点。尾鳍深叉形，体背银灰色而略带黄色光泽，腹部银白色而略带黄色，各鳍灰白色。根据生长水域不同，体色深浅有差异（图 3-15）。

图 3-15 鲫鱼（引自 http://baike.baidu.com/）

二、鲫鱼的品种

1. 常见品种

（1）高背鲫 高背鲫鱼是 20 世纪 70 年代中期在云南滇池及其水系发展起来的一个优势种群，具有个体大、生长快、繁殖力强等特点。因背脊高耸而得名。个体最大 3000 克，亲水性强，不宜在内地饲养（图 3-16）。

（2）方正银鲫 方正银鲫原产于黑龙江省方正县双凤水库，

图 3-16　高背鲫（引自 http://baike.baidu.com/）

是一个较好的银鲫品种。方正银鲫背部为黑灰色，体侧和腹部深银白色，最大个体重 1.5 千克，一般在 0.5～1 千克（图 3-17）。

图 3-17　方正银鲫（引自 http://www.360doc.com/）

（3）彭泽鲫　彭泽鲫，原产于江西省彭泽县丁家湖、太泊湖、芳湖、芸湖等天然水域，因其常栖于湖中的芦苇丛中，体侧有 5～7 条灰黑色的芦苇似的斑纹（池塘中饲养一段时间后，斑纹会逐渐消失）而被称为芦花鲫；它以个体大（已知一尾最大个体体重 6.75 千克）著称，所以称它为彭泽大鲫。现在的彭泽鲫是江西省水产科技人员从野生彭泽鲫中，自 1983 年起经 7 年多 6 代的精心选育，为我国第一个直接从三倍体野生鲫中选育出的优良养殖新品种。经选育后的彭泽鲫生产性能发生明显改观，生长速度比选育前快50%，比普通鲫的生长速度快249.8%，并成为我国第一个直接从三倍体野生鲫鱼中选育出的优良养殖品种。由于彭泽鲫具有繁殖简易、生长快、个体大、抗逆性强、营养价值高等优良性状，现已在全国大部分地区推广养殖，并形成了完整配套的鱼苗繁殖、苗种培育及成鱼养殖技术，获得了明显的经济效益和社会效益。

彭泽鲫背部呈深灰黑色，腹部灰色，各鳍条呈青黑色，为纺锤形。头短小，吻钝，口端位呈弧形、唇较厚，无须，下颌稍向上斜。从下颌底部至胸鳍基部呈平缓的弧形，彭泽鲫尾柄高大于眼后头长。背鳍外缘平直，尾鳍分叉浅。雄性个体胸鳍较尖长，末端可达腹鳍基部。雌性个体胸鳍较圆钝，不达腹鳍基部。彭泽鲫肉味鲜美、含肉率高、营养丰富。体形丰满，易运输，易暂养，易上钩，利于活鱼上市，也是一种生产和游钓兼可发展的鱼类（图3-18）。

图3-18　彭泽鲫（引自 http://baike.baidu.com/）

（4）淇河双背鲫鱼　淇河双背鲫鱼因产于河南省鹤壁市淇县一条东西流向的山区性河流淇河而得名。淇河常年不结冰，1～2

月时，水温仍在10℃以上，淇河河床两岸水草丛生。优良的生态环境，为淇河鲫鱼的生长、繁殖创造了良好条件。淇河鲫鱼肉嫩味美，据古籍记载，淇河鲫鱼和无核枣、缠丝鸭蛋一起，是当地的三大贡品。

淇河双背鲫鱼与普通淡水鲫鱼不同。普通鲫鱼一般鳞色灰黑，双背鲫鱼鳞色则略呈金黄，和鲤鱼相似；一般鲫鱼较扁平，体形清瘦，双背鲫鱼则脊背宽厚，体形丰满；一般鲫鱼为2倍体鱼类，双背鲫鱼则为罕见的天然3倍体鱼类；一般鲫鱼生长速度慢，而双背鲫鱼则生长速度快，为一般鲫鱼的2.5倍，脊背厚度为一般鲫鱼的2倍，因而被称为双背鲫鱼。双背鲫鱼不仅脊背宽厚，而且个大体壮。一般鲫鱼个小体轻，重不过500克左右，而双背鲫鱼大的高达2500克左右，是鲫鱼中的一个绝无仅有的品种（图3-19）。

图3-19　淇河双背鲫鱼（引自 http://baike.baidu.com/）

（5）丰产鲫　丰产鲫［*Allogynogenetic Carassius auratus var. Pengze*（*Cyprinus acutidorsalis* ♂×*Carassius auratusvariety Pengze*♀）］又名百花鲫，是华南师范大学生物系鱼类研究室历时8年研制出的极其优良的鲫鱼养殖新品种；其体色偏淡、

外形匀称优美，与东北银鲫的体形相似，体高介于彭泽鲫和高背鲫之间，肉质较为结实，味道鲜甜。丰产鲫具有个体大、生长快、食性杂、抗病力强、群体产量高等优点，可在鱼塘中自然越冬，并且它为全雌性，不会在鱼塘中自行繁殖后代。丰产鲫的生物学特性源自其独特的人工制种技术。这种技术采用异精雌核发育生殖的方法，用我国特有的野生江河鱼尖鳍鲤（*Cyprinus acutidorsalis*）作为外源精子，刺激雌核发育彭泽鲫（*Carassius auratus variety Pengze*）的卵子发育，从而产生具有优良经济性状的异精雌核发育子代——丰产鲫（图 3-20）。由于丰产鲫是雌核发育的产物，因此一方面它保留了母本彭泽鲫的全部优良性状，同时外源精子对子代的性状也有一定的影响，选择野生鱼尖鳍鲤作为外源精子的提供者，繁殖出的丰产鲫又具有比用现有养殖鱼类（如雄性彭泽鲫）作为外源精子无法比拟的优越性，其生物学特性具体表现如下。

图 3-20 丰产鲫

① 形态 丰产鲫身体呈纺锤形；头短小，吻钝；口端位，无须；眼巩膜黑色素多，呈黑色；背部与鳍条呈青黑色；体高介于彭泽鲫和高背的银鲫或异育银鲫之间；鳞片致密不易脱落，易运输，耐暂养。

② 性比　由于丰产鲫是雌核发育的产物，因而全部为雌性，只要鱼塘中没有其他品种的鲤鲫鱼类，就不会自然产卵繁殖，极大地方便了生产管理。

③ 食性　丰产鲫属食谱极广的杂食性鱼类，无论是动物性饵料、植物性饵料还是有机碎屑、浮游微生物均可利用。其摄食的饵料种类及数量随生长发育阶段的不同而变化，刚出膜2～3天的仔鱼，以自身卵黄或人工投喂的蛋黄为营养，以后开始摄食小型浮游生物、水生昆虫、有机碎屑或人工配合饲料。在我国南方的环境条件下，丰产鲫几乎周年都能摄食。

④ 生长　通过多次小水体、大塘（同塘或分塘）和网箱养殖对比实验表明，在同等条件下丰产鲫比彭泽鲫的生长速度明显要快，小范围试验快23.5%～37.4%，大面积养殖快15%～30%，绝大多数情况下快20%以上。池塘混养当年种苗7个月左右即可达到0.5千克左右的上市规格，池塘养殖2年的个体可达1.5千克以上。丰产鲫蛋白质含量高，肉质细嫩，味道鲜美，冬季肥满度高，深受消费者喜爱。

⑤ 适应性　由于丰产鲫体内存在特有的野生鱼类遗传基因，使得它具有很强的适应性和抗病力。它同时能够耐低温，耐低盐，耐低氧。可以在结冰状态下自然越冬而不会被冻伤；可以耐受0.5%以下的盐度，在低盐池塘中生长良好；可以忍受水体的最低含氧量达0.1毫克/升，只有低于此临界值才开始出现死亡。在大规模的丰产鲫养殖生产实践中，养殖鱼的成活率普遍较高，未发现丰产鲫因鱼病而发生大批量死亡的现象，仅见少量鱼患有锚头鳋、水虱和水霉病，但只要处理得当，一般危害不大。

由于它具有比彭泽鲫和其他鲫鱼更加优越的生产性能，目前其养殖范围已涉及广东、广西、福建、江西、江苏、浙江、四川、河南、新疆九个地区，其中在广东的推广养殖几乎覆盖全部地级市，取得了显著的经济效益。尤以珠江三角洲地区推广面积最大，面积达到数十万亩，显现了丰产鲫的优良性状及其发展潜力。总的来说，它是目前鲫鱼养殖品种中综合性能最优的一个品种。

除上述几种经济价值较大的优良鲫鱼外，还有江苏省六合县的龙池鲫鱼，产于内蒙古海拉尔地区的海拉尔银鲫等，它们的共同特点是个体大、肉嫩、味道鲜美，均深受当地群众的喜爱。

2. 杂交品种

(1) 异育银鲫　异育银鲫是中国科学院水生生物研究所的鱼类育种专家于1976—1981年研制成功的一种鲫鱼养殖新对象，它是利用天然雌核发育的方正银鲫为母本，以兴国红鲤为父本，经人工授精繁育的子代。异育银鲫的生活适应能力强、疾病少、成活率高，既能大水面放养，又能池塘养殖，是非常好的人工繁育品种。其生长速度较父本快34.7%，比普通鲫鱼快2～3倍。一般当年苗种可长到200～250克，最大个体重可达400余克。池塘混养，每亩放养80～100尾异育银鲫，在不增加饲料的条件下，当年每亩可增产优质成鱼25千克左右（图3-21）。

图3-21　异育银鲫（引自 http://image.baidu.com/）

(2) 湘云鲫　湘云鲫又名工程鲫，是以中国工程院刘筠院士为首的技术协作组，运用细胞工程和有性杂交相结合的生物工程技术培育出来的3倍体新鱼种，2002年，湘云鲫通过国家水产原种和良种审定委员会优良品种审定。与其他鲫鱼相比，湘云鲫为异源3倍体新型鱼类，自身不能繁育，可在任何淡水渔业水域进行养殖，不会造成其他鲫鱼品种资源混杂，也不会出现繁殖过量导致商品鱼质量的下降。湘云鲫的生长速度比普通鲫鱼品种快3～5倍，当年鱼苗最大生长个体可达0.75千克。湘云鲫为杂食性鱼类，兼有滤食浮游生物的特点，比其他鲫鱼品种饵料利用率高，同时由于无生殖腺的发育，因此所摄取的营养全部用于生长（图3-22）。

图3-22　湘云鲫（引自 http://image.baidu.com/）

3. 引进品种

我国引进的外来鲫鱼品种只有原产于日本琵琶湖的白鲫，是一种大型鲫鱼。白鲫适应性强，能在不良环境条件下生长和繁殖，对温度、水质变化、低溶解氧含量等均有较大的忍受力。最大个体在1000克左右。

三、鲫鱼的习性

鲫鱼是生活在淡水中的杂食性鱼，体态丰满，水中穿梭游动的姿态优美。鲫鱼的生活层次属底层鱼类。在一般情况下，都在水下游动、觅食、栖息。但气温、水温较高时，也要到水的中下层和中上层游动、觅食。成鱼主要以植物性食料为主。由于植物性饲料在水体中蕴藏丰富，品种繁多，供采食的面广。维管束水草的茎、叶、芽和果实是鲫鱼爱食之物，在生有菱和藕的高等水生植物的水域，鲫鱼最能获得各种丰富的营养物质。硅藻和一些状藻类也是鲫鱼的食物，小虾、蚯蚓、幼螺、昆虫等它们也很爱吃。

鲫鱼适应性非常强，不论是在深水或浅水、流水或静水、高温水（32℃）或低温水（0℃）中均能生存。即使在 pH 值 9 的强碱性水域，盐度高达 4.5%的达里湖，仍然能生长繁殖。除西部高原地区外，广泛分布于全国各地。鲫鱼喜欢群集而行。有时顺水，有时逆水，到水草茂盛的浅滩、河湾、沟汊、芦苇丛中寻食和产卵；遇到水流缓慢或静止不动，具有丰富饵料的场所，它们就暂且栖息下来。鲫鱼分布于我国除青藏高原外的江河、湖泊、池塘等水体中，并分布于世界各地的淡水水域。

第七节

罗非鱼的生物学特征

一、罗非鱼的分类与形态特征

罗非鱼（*Oreochromis Niloticus*），属于辐鳍鱼纲、鲈形目、鲈形亚目、丽鱼科（*Cichlidae*）、罗非鱼属（*Tilapia*）（也称丽鲷科，丽鲷属）。俗称非洲鲫鱼、非鲫、越南鱼、南洋鲫等。原产于非洲，有600多种，目前被养殖的有15种，属于热带鱼类。罗非鱼鳃盖后方至尾柄有8～9条黄褐色垂直条纹，尾鳍有8条能上能下棕色垂直条纹。背鳍和臀鳍有相当于瞳孔大小的黄绿斑点。体被圆鳞，体色易随栖息环境而变化。繁殖期雄鱼下颌、胸鳍为淡红色，尾鳍的边缘也呈红色。背鳍硬棘15～17，软条10～12；腹鳍硬棘1，软条5；臀鳍硬棘3，软条10；胸鳍软条13；各鳍之硬棘均很尖锐。侧线分上、下两段，两列侧线鳞共有29～32枚，两侧线相隔鳞片2列。背鳍基部起点与侧线间有鳞片5列，臀鳞基部与侧线间有鳞片11列（图3-23）。

图3-23　罗非鱼（引自 http://image. baidu. com/）

罗非鱼1957年从越南引进我国，又名“越南鱼”。因其原产于非洲，形似本地鲫鱼，故又有人叫它“非洲鲫鱼”。罗非鱼是一群中小型鱼类，它的外形、个体大小有点类似鲫鱼，鳍条多荆似鳜鱼。广盐性鱼类，海淡水中皆可生存；耐低氧，一般栖息于水的下层，但随水温变化或鱼体大小改变栖息水层。目前，它是世界水产业的重点科研培养的淡水养殖鱼类，且被誉为未来动物性蛋白质的主要来源之一（引自 http://www. xumuren. com/）。

二、罗非鱼的品种

我国主要养殖的品种有尼罗罗非鱼、奥利亚罗非鱼、莫桑比克罗非鱼以及各种组合的杂交后代。

1. 尼罗罗非鱼

尼罗罗非鱼原产于非洲东部、约旦等地。其体短、背高、体厚而侧扁，呈鲈形。体色为黄棕色，上半部较暗，下半部转亮，呈银白色，喉、胸部为白色；有的个体全身呈黑色。体色随环境的变化而有适应性的改变。体侧有黑色横带 9 条，分布于背鳍下方 7 条，尾柄上 2 条。尾柄上半部和鳃盖后缘有一黑斑。背鳍的边缘为黑色。背鳍和臀鳍上有黑色和白色的斑点。尾鳍终生有明显的垂直黑色条纹 8 条以上。尾鳍、臀鳍的边缘呈微红色。该品种 1978 年由长江水产研究所首次从尼罗河引进，具有生长快、食性杂、耐低氧、个体大、产量高和肥满度高等优点，因而在我国许多地区可单养或作杂交亲鱼用（图 3-24）。

图 3-24 尼罗罗非鱼（引自 http://image. baidu. com/）

2. 奥利亚罗非鱼

奥利亚罗非鱼原产于西非尼罗河下游和以色列等地。其喉、胸部银灰色；背鳍、臀鳍具暗色斜纹；尾鳍圆形，具银灰色斑点，奥利亚罗非鱼比尼罗罗非鱼更耐盐、耐寒、耐低氧并且起捕率高；特别是它们的性染色体为 ZW 型，与尼罗罗非鱼杂交可产生全雄罗非鱼，故常用作与尼罗罗非鱼杂交的父本（图 3-25）。

图 3-25　奥利亚罗非鱼（引自 http://image.baidu.com/）

3. 莫桑比克罗非鱼

原产于非洲莫桑比克纳塔尔等地。它与尼罗罗非鱼的区别在于：尾鳍黑色条纹不成垂直状；头背外形呈内凹；喉、胸部暗褐色；背鳍边缘红色，腹鳍末端可达臀鳍起点；尾柄高约等于尾柄长。因引进过程中忽视提纯育种工作，造成品种退化，只用作福寿鱼杂交鱼的母本（图 3-26）。

4. 红罗非鱼

红罗非鱼是尼罗罗非鱼和莫桑比克罗非鱼突变型种间杂交后代，身体具美丽的微红色和银色小斑点，或偶有少许灰色或黑色斑块。它是罗非鱼中生长速度较快的一种，杂食性，繁殖力强，广盐性，疾病少，个体大，体色美，肉味鲜，在广东和港澳地区很受消费者和生产者的欢迎，又被叫作珍珠腊或腊鱼（图 3-27）。

5. 奥尼罗非鱼

奥尼罗非鱼是奥利亚罗非鱼雄鱼和尼罗罗非鱼雌鱼的杂交种，外形与母本相似，生长快，雄性率高达 93%，具有明显的杂交优势，而且它的起捕率高，现已成为罗非鱼主要的养殖品种

图 3-26　莫桑比克罗非鱼（引自 http://www.tech-food.com/）

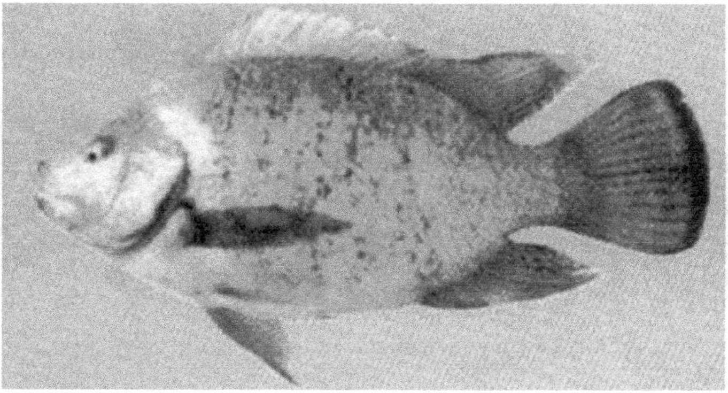

图 3-27　红罗非鱼（引自 http://image.baidu.com/）

(图 3-28)。

6. 福寿鱼

莫桑比克罗非鱼雌鱼和尼罗罗非鱼雄鱼的杂交种。具有杂食性、疾病少、生长快和产量高等优点，但因体色黑和含肉率低影响其养殖的发展（图 3-29）。

图 3-28　奥尼罗非鱼（引自 http://baike. baidu. com/）

图 3-29　福寿鱼（引自 http://baike. baidu. com/）

三、罗非鱼的习性

罗非鱼食性是以植物性为主的杂食性鱼类，对饲料质量要求不高，消化能力较强，其他鱼类不能利用的藻类（如微囊藻、色腥藻）也能消化吸收。以少量的精饲料搭配多量的粗饲料就能满足其要求。此外，还能吃掉塘底和水中的残饲碎屑，保持水质清新。

罗非鱼的活动范围随水温的变化而异，一般栖息于水的中上层，中午水温升高则集群在表层觅食，傍晚水温逐渐降低又从表层游向中表层觅食，到 9 月以后水温下降则移到底层栖息。罗非鱼的生存温度范围为 15～35℃。当水温低于 15℃时，罗非鱼处于休眠状态或者被冻死。罗非鱼最高临界温度为 40～41℃，最适宜生长温度为 28～32℃，它的繁殖温度在 20℃以上。

罗非鱼的性成熟早、繁殖率强、产卵周期短、繁殖条件要求低，能在小面积水体内自然繁殖。性成熟年龄有种类和地区的差异。莫桑比克罗非鱼饲养 3 个月即达性成熟，尼罗罗非鱼需要 6 个月，奥利亚罗非鱼需 9 个月。温度低，性成熟时间推迟。水温达 20℃以上时，雄鱼即开始挖穴做窝，守卫在窝的附近等候雌鱼。如果雌鱼已成熟，便进入窝内。待雌鱼在窝内产卵，并将卵含入口中时，雄鱼才开始排精。雌鱼将卵和精液同时含入口中，重复多次，经过 15～20 分钟，产卵才算完成。受精卵在雌鱼口中孵化，水温 28～29℃时，鱼苗孵出时间约 100 小时。刚出膜的鱼苗，游泳能力很弱，母鱼仍含入口中保护，待幼鱼卵黄囊完全吸收，口已张口，即由体内营养转为体外营养时，才离开母体，独立生活。产卵 2～6 次。产卵次数受水温和饲养条件的影响。两次产卵间隔的时间为 15～30 天。产卵量与雌鱼个体大小及种类有关。一般体长 18～23 厘米的尼罗罗非鱼产卵 1137～1647 粒；同体长的莫桑比克罗非鱼产卵量可达 2000 粒以上；奥利亚罗非鱼的产卵量近似于尼罗罗非鱼。在成鱼饲养过程中，大量繁殖的幼苗会争夺食料，影响成鱼的生长，同时影响商品鱼规格。因此，人工生产的全雄性罗非鱼苗越来越受到人们的重视（引自 http://www.59baike.com/ ）。

第八节

团头鲂的生物学特征

一、团头鲂的分类与形态特征

团头鲂（*Megalobrama amblycephala*），又名武昌鱼，属鲤形目、鲤科、鲌亚科、鲂属。俗称鳊鱼、团头鲂、团头鳊、平胸鳊。肉质嫩滑，味道鲜美，是我国主要淡水养殖鱼类之一。武昌鱼主产于长江中下游，以湖北为最多，多产在5～8月。武昌鱼体扁侧，呈菱形，体长为体高的1.9～2.3倍。腹棱不完全。背隆起明显，头小、口小且为口前位，体侧灰尘色并有浅棕色光泽，背色深，腹色浅，腹色浅，鳞片中等大小，臀鳍较长，尾柄短，尾鳍分叉深。鲂鱼肉细嫩肥美，小鱼刺多，大鱼刺少。团头鲂体背部青灰色，两侧银灰色，腹部银白；体侧鳞片基部灰白色，边缘灰黑色，形成灰白相间的条纹。体侧扁而高，呈菱形。头较小，头后背部急剧隆起。眶上骨小而薄，呈三角形。口小，前位，口裂广弧形。上下颌角质不发达。背鳍具硬刺，刺短于头长；胸鳍较短，达到或仅达腹鳍基部，雄鱼第一根胸鳍条肥厚，略呈波浪形弯曲；臀鳍基部长，具27～32枚分枝鳍条。腹棱不完全，尾柄短而高（图3-30）。

二、团头鲂的习性

团头鲂在自然条件下分布于长江中、下游附属中型湖泊。比较适于静水性生活。平时栖息于底质为淤泥并生长有沉水植物的

图 3-30 团头鲂（引自 http://image. haosou. com/）

敞水区的中、下层中。团头鲂为草食性鱼类，摄食能力和强度均低于草鱼。鱼种及成鱼以苦草、轮叶黑藻、眼子菜等水生维管束植物为主要食料，也喜欢吃陆生禾本科植物和菜叶，还能摄食部分湖底植物碎屑和少量浮游动物，因此食性范围较广。一般从 4 月开始摄食，一直延续到 11 月，在 6～10 月摄食量最大。幼鱼主要以枝角类和甲壳动物为食；成鱼摄食水生植物，以苦草和轮叶黑藻为主，还食少量浮游动物。

团头鲂属于中型鱼类，生长速度较快，以 1～2 龄生长最快。在水草较丰盛的条件下，一般当年鱼体重可达 100～200 克；2 龄鱼体重可达 300～500 克，以后生长速度逐渐减慢，最大个体可达 3～5 千克。它具有性情温顺、易起捕、适应性强、疾病少等优点。

团头鲂一般 2～3 龄达性成熟，最小性成熟年龄为 2 龄。一般性成熟的雌性个体重 450 克，雄鱼体重 400 克。产卵期为 5～6 月，多在夜间产卵。产卵最适水温为 20～29℃，对水流要求不严格。卵具有微黏性（黏着力比鲤、鲫鱼的卵差一些，附着力弱，容易脱落），淡黄色，黏附于水草或其他物体上，因此其产卵场多在浅水多草的地方。

第九节

虹鳟的生物学特征

一、虹鳟的分类与形态特征

虹鳟（*Oncorhynchus mykiss*），属鲑形目、鲑科、鲑属。体纺锤形，稍侧扁。头较小。吻圆钝（成熟雄鱼吻较长）。雄鱼下颌随年龄增长向上弯曲，逐渐盖住上颌。牙发达。体被小圆鳞；侧线鳞 115～145。背鳍具 4 不分支鳍条、9～12 分支鳍条。臀鳍具 3 不分支鳍条、8～12 分支鳍条。尾鳍分叉。体背苍绿色或黄绿色，侧面银白色。头部、背部、体侧以及背鳍、胸鳍和尾鳍具不规则小黑斑。

原产于北美洲北部和太平洋西岸，主要生活在低温淡水中，善于跳跃，目前，已从北美西部引殖到很多国家。栖于湖泊和急流，体色鲜艳。体上布有小黑斑，体侧有一红色带，如同彩虹，因此得名“虹鳟”（图 3-31）。

二、虹鳟的习性

虹鳟喜栖息于清澈、水温较低、溶解氧较多、流量充沛的水域，虹鳟生活极限温度 0～30℃，适宜生活温度 12～18℃，最适生长温度 16～18℃，低于 7℃或高于 20℃时，食欲减退，生长减慢，超过 24℃摄食停止，以后逐渐衰弱而死亡。它对水中溶解

图 3-31 虹鳟（引自 http://baike.haosou.com/）

氧要求高。溶解氧低于 3 毫克/升为致死点，低于 4.3 毫克/升时出现“浮头”开始死亡。溶解氧含量低于 5 毫克/升时，呼吸频率加快。要使虹鳟处于良好的生长状态，溶解氧含量最好在 6 毫克/升以上，在 9 毫克/升以上快速成长。最适水质为生化需氧量小于 10 毫克/升 。氨氮值低于 0.5 毫克/升，pH 值 6.5～8。虹鳟有陆封型（终生在湖泊、河川中生活）和降海型（指入海生长的硬头鳟）两种。两者的杂交子代可以入海。

虹鳟鱼是冷水性凶猛鱼类，肉食性。幼体阶段以浮游动物、底栖动物、水生昆虫为主；成鱼以鱼类、甲壳类、贝类及陆生昆虫和水生昆虫为食，也食水生植物叶子和种子。在人工养殖条件下也能很好地摄食人工配给的颗粒饲料。虹鳟鱼有很发达的胃，肠道短，幽门垂发达。游泳迅速，适宜集约化养殖，单产很高。

虹鳟的雌鱼 3 龄开始性成熟，雄鱼为 2 龄。虹鳟鱼雌雄异体，体外受精。虹鳟生长迅速快、适应性强。产卵场在有石砾的河川或支流中，雌鱼掘产卵坑，雄鱼保护，卵沉性。每个产卵坑通常有受精卵 800～1000 粒，个体怀卵量 10000～13000 粒，分多次产出，已知同一个体有繁殖 5 次的例子。其雌雄鱼的鉴别，外观主要依据鱼的头部，头大吻端尖者为雄鱼，吻钝而圆者为雌鱼。

我国养殖的虹鳟最早是 1959 年开始。1985 年 5 月首次从甘肃玛曲养殖场引进虹鳟鱼种至青海省海晏县哈达木泉养殖，获得成功。目前全国有50多个虹鳟专业养殖场，分布在北京、黑龙江、山东、山西、辽宁、吉林、陕西等地。

第十节

黄颡鱼的生物学特征

一、黄颡鱼的分类与形态特征

黄颡鱼（*Pelteobagrus fulvidraco*），属鲇形目、鲿科、黄颡鱼属。又名黄公灵、黄牯头、黄腊丁、黄骨聪、昂公鱼、葛格燕、黄骨鱼、黄丫头、黄鸭叫、黄沙古、翁公鱼、钢针、戈艾、吱戈艾、黄刺公、疙阿、疙阿丁、嘎牙子、昂刺鱼、黄牛、黄鳍鱼、三枪鱼、黄刺骨、黄牙鲠、王牙、黄嘎牙、刺疙疤鱼、刺黄股、黄蛟、汪丫鱼、毛泥鳅、黄骨鱼、弯丫、昂刺、锥子等，广布于我国东部各太平洋水系。黄颡鱼体长，腹面平，体后半部稍侧扁，头大且扁平。吻圆钝，口裂大，下位，上颌稍长于下颌，上下颌均具绒毛状细齿。眼小，侧位，眼间隔稍隆起。须4对，鼻须达眼后缘，上颌须最长，伸达胸鳍基部之后。颌须2对，外侧一对较内侧一对为长。体背部黑褐色，体侧黄色，并有3块断续的黑色条纹，腹部淡黄色，各鳍灰黑色。背鳍条6～7，臀鳍条19～23，鳃耙外侧14～16，脊椎骨36～38。背鳍部分支鳍条为硬刺，后缘有锯齿，背鳍起点至吻端较小于至尾鳍基部的距离。胸鳍硬刺较发达，且前后缘均有锯齿，前缘具30～45枚细锯齿，后缘具 7～17 枚粗锯齿。胸鳍较短，这也是和鲶鱼不同的一个地方。胸鳍略呈扇形，末端近腹鳍。脂鳍较臀鳍短，末端游离，起点约与臀鳍相对。进食较凶猛。公、母颜色有很大差异，深黄色的黄颡鱼头上刺有微毒（图 3-32）。

图 3-32 黄颡鱼（引自 http://image.haosou.com/）

二、黄颡鱼的种类

黄颡鱼的种类较多，有岔尾黄颡鱼、江黄颡鱼、光泽黄颡鱼、瓦氏黄颡鱼、盎塘黄颡鱼、中间黄颡鱼、细黄颡鱼等。

1. 岔尾黄颡鱼

吻短。须 4 对；上颌须长，末端超过胸鳍中部。体无鳞。背鳍硬刺后缘具锯齿。胸鳍刺与背鳍刺等长，前、后缘均有锯齿。脂鳍短。臀鳍条 21～23。尾鳍深分叉。鼻须全为黑色。为江河、湖泊中常见鱼类，尤以中、下游湖泊为多。营底栖生活。食昆虫、小虾、螺蛳和小鱼等。个体不大。分布于长江水系。

2. 江黄颡鱼（硬角黄腊丁、江颡）

头顶覆盖薄皮。须 4 对，上颌须末端超过胸鳍基部。体无鳞。背鳍刺比胸鳍刺长，后缘具锯齿。胸鳍刺前缘光滑，后缘也有锯齿。腹鳍末端达臀鳍。脂鳍基部稍短于臀鳍基部。臀鳍条21～25。为底层鱼类。江河、湖泊中均能生活，尤以江河为多。主食昆虫幼虫及小虾。最大个体1千克左右。分布于长江水系和珠江水系。

3. 光泽黄颡鱼（尖嘴黄颡、油黄姑）

吻短、稍尖。须4对，上颌须稍短，末端不达胸鳍基部。背鳍刺较胸鳍刺为长，后缘锯齿细弱，胸鳍刺前缘光滑，后缘带锯齿。腹鳍末端能达到臀鳍起点。脂鳍基部短于臀鳍基部，臀鳍条22～25。尾鳍深分叉。在江、湖的中下层生活。食水生昆虫和小虾。4～5月在近岸浅水区产卵。生殖时，雄鱼在水底掘成锅底形圆穴，上面覆盖水草，雌鱼产卵于穴中，雄鱼守候穴旁保护鱼卵发育。个体不大，常见体长为80～140毫米。分布于长江水系。

4. 瓦氏黄颡鱼（硬角黄腊丁、江颡、郎丝、肥坨黄颡鱼、牛尾子、齐口头、角角鱼、嘎呀）

在分类学上属于鱼鲶形目，鮠科鱼类，在我国长江、珠江、黑龙江流域的江河、与长江相通的湖泊等水域中均有分布，均能形成自然种群，瓦氏黄颡鱼是我国江河流域水体中重要的野生经济型鱼类。瓦氏黄颡鱼喜栖息于江河缓流江段及江河相通湖泊水体，底栖生活，其肉质细嫩、味道鲜美、无肌间刺、营养丰富，极受消费者欢迎。瓦氏黄颡鱼比黄颡鱼大得多，最大个体可达1千克以上。

三、黄颡鱼的习性

黄颡鱼食性是肉食性为主的杂食性鱼类。黄颡鱼多在静水或江河缓流中活动，营底栖生活。白天栖息于湖水底层，夜间则游到水上层觅食。对环境的适应能力较强，所以在不良环境条件下也能生活。幼鱼多在江湖的沿岸觅食。黄颡鱼的体长一般为

12.3～14.3 厘米，杂食性，主食底栖小动物、小鱼、小虾、各种陆生和水生昆虫（特别是摇蚊幼虫）、小型软体动物和其他水生无脊椎动物。有时也捕食小型鱼类。其食性随环境和季节变化而有所差异。在春夏季节常吞食其他鱼的鱼卵，到了寒冷季节，食物中小鱼较多，而底栖动物渐渐减少。规格不同的黄颡鱼食性也有所不同，体长 2～4 厘米，主要摄食桡足类和枝角类。体长 5～8 厘米的个体，主要摄食浮游动物以及水生昆虫；超过 8 厘米以上个体，摄食软体动物（特别喜食蚯蚓）和小型鱼类等。

该鱼属温水性鱼类。生存温度 0～38℃。最佳生长温度 25～28℃，pH 值范围 6.0～9.0，最适 pH 值为 7.0～8.4。耐低氧能力一般。水中溶解氧含量在 3 毫克/升以上时生长正常，低于 2 毫克/升时出现浮头，低于 1 毫克/升时会窒息死亡。4～5 月产卵，亲鱼有掘坑筑巢和保护后代的习性。在生殖时期，雄鱼有筑巢习性（引自 http://baike.haosou.com/）。

第四章

主要养殖淡水鱼类的营养需求

第一节

淡水鱼类对蛋白质和氨基酸的营养需求

鱼类所需的能量主要来自蛋白质和脂肪而不是碳水化合物，因此鱼类需要更高水平的蛋白质。蛋白质适宜需求量是指能够满足鱼类氨基酸需求并获得最大生长的最少饲料蛋白含量。众多研究者已就不同鱼类饲料中蛋白质的适宜需求做了大量研究，这些研究结果大部分是通过投喂优质蛋白源配置的纯化或半纯化的蛋白浓度梯度饲料出现的剂量——效应曲线的研究方法得到的。鱼类饲料中蛋白质的最佳含量和最佳需要量与鱼的种类、食性、年龄、规格、水温、水质、饲料蛋白源（必需氨基酸的种类、含量和比例等）和日投饲量等因素相关，一般而言，饲料中蛋白质含量的适量范围为22%～55%，草食性鱼类为22%～30%，杂食性鱼类为30%～40%，肉食性鱼类为38%～55%。而且同种鱼在苗种阶段其饲料蛋白质最佳含量高于成鱼。例如，在一定条件下，尼罗罗非鱼饲料中蛋白需求量鱼苗到鱼种阶段一般为30%～35%，成鱼及亲鱼阶段为28%～30%（雍文岳，1994）。同时，鱼的放养密度低时，可以从天然食物中得到部分营养，因而饲料中的蛋白质含量可适当低些。

鱼类对蛋白质的需求实际为对必需氨基酸和必需氨基酸混合比例的需求，在生产实践中，要提高养鱼效果，必须使最多可能的氨基酸用于鱼本身的生长而不使其用于能量的储存与消耗。许多研究表明，淡水鱼类所需的必需氨基酸有10种，分别为赖氨酸、蛋氨酸、色氨酸、精氨酸、组氨酸、亮氨酸、异亮氨酸、苯丙氨酸、苏氨酸和缬氨酸，比人类多两种。在鱼类，某些必需氨基酸可为一些非必需氨基酸替代一部分，如蛋氨酸可用胱氨酸代替 50%，苯丙氨酸可用酪氨酸代替 30%。而有几种氨基酸（如赖氨酸、蛋氨酸等）在饲料中常感不足，由于它们的不足而限制了其他氨基酸的利用，这些氨基酸称限制性氨基酸。刘镜恪等（1996）指出，赖氨酸和蛋氨酸分别为黑鲷的第一和第二限制性氨基酸，应在饵料中适当添加，以保持饲料中必需氨基酸的平衡。因此，在编制饲料配方时，这些因素必须加以考虑，选用适当的蛋白源，合理搭配饲料原料或在饲料中添加自由态氨基酸，使饲料中各种必需氨基酸含量及其间的比例科学合理。组成蛋白质的氨基酸与动物用于生长和维持的氨基酸需要越一致则蛋白质价值越高，氨基酸组成和比例与动物所需相一致则说明氨基酸平衡，氨基酸平衡可以提高动物的增重率和对必需氨基酸的利用率，从而节省蛋白质，减少含氮污染物的排放。

氨基酸模型主要有三种表示方法。

① A/E，即单个氨基酸与必需氨基酸总量包括胱氨酸和酪氨酸之比。

② 以一种氨基酸为参考，其他氨基酸相对于参考氨基酸的比例。因为赖氨酸几乎专用于体蛋白沉积，不会受维持和生产代谢途径的影响，而且又是限制性氨基酸，比较容易测定，所以常作为参考氨基酸。

③ 示踪原子标记：Conceica 等（2003）用 GC-C-IRMS 进行 ^{15}N 标记得到每种氨基酸的相对生物利用率，进行校正可以得到更理想的氨基酸模型。

氨基酸需要量的测定方法如下。

① 利用氨基酸梯度日粮法，由 Halver（1972）首次创立，此方法是在某一时间饲喂氨基酸模型与鱼卵蛋白或体蛋白完全相同的测试日粮，日粮中含有不同水平的待测氨基酸，根据试验结

束时的生长反应曲线得到氨基酸的最适添加量，同时为了保证测定鱼种最大限度地利用限制性氨基酸常饲喂适量或稍低水平的蛋白质。

② 利用体组织参考模型，即以体蛋白为参考，根据饲喂一段时间后鱼体的增长估计出饲料蛋白在该水平时鱼种必需氨基酸的需要量。

③ 利用蛋白日粮和无蛋白日粮分别测定动物生长和维持的必需氨基酸需要量，再利用它们之和求得饲料必需氨基酸最低需要量。

④ 根据肠道吸收率测得氨基酸需要量。

一、鲤鱼对蛋白质和氨基酸的需求

鲤鱼环境耐受力强，生长快，为我国主要淡水鱼养殖品种之一，是典型的杂食性鱼类，且偏动物食性。其体内含有65%以上的蛋白质，而关于鲤鱼蛋白质的需要量，不同研究者的推荐值存在一定差异（表4-1），这与鱼个体的大小、环境条件以及蛋白来源有很大关系。水产行业标准（2002）规定，鲤鱼鱼种前期饲料粗蛋白≥38%、鱼种后期≥31、成鱼期≥30%。

表4-1 鲤鱼对蛋白质的需求量

种类	体重/克	水温/℃	蛋白源	蛋白质需求量(占饲料的百分含量)/%	备注
鲤鱼	7.0	19.5～24.0	酪蛋白	35.0	刘汉华等，1990
	10～25	26.0～29.0	豆饼、鱼粉	33.0～38.0	李复兴等，1989—1991
	5.8		酪蛋白	38.0	Ogino等，1970
	97～419		酪蛋白	30.0	Ogino等，1970
	75.39	23.73	鱼粉、浸提豆粕	30.0～32.0	伍代勇等，2011

不同研究者测定了鲤鱼体组织氨基酸的组成（表 4-2），从表 4-2 中可以看出，除个别数值偏高或偏低外，鲤鱼体组织氨基酸组成较稳定。因此，体组织氨基酸组成作为鱼类参考氨基酸模型具有很好的代表性。

表 4-2　鲤鱼体组织氨基酸组成

项目	占体蛋白重	占肌肉干重	占氨基酸重	占体蛋白重
精氨酸/%	6.30	4.90	1.66	6.39
组氨酸/%	2.30	2.43	0.76	2.74
赖氨酸/%	8.70	7.26	2.61	0.31
异亮氨酸/%	3.80	3.74	1.29	3.99
亮氨酸/%	6.90	6.90	2.35	7.05
蛋氨酸/%	2.60	2.30	1.00	3.81
苯丙氨酸/%	4.80	3.54	1.35	4.26
色氨酸/%	1.00			1.12
苏氨酸/%	5.30	4.00	1.37	4.40
缬氨酸/%	4.80	3.97	1.49	4.57
资料来源	Ogino(1980)	张銮光(1988)	李爱杰(1999)	罗岗(2004)

关于鲤鱼氨基酸需要量的研究见表 4-3。鲤鱼饲料中必需氨基酸含量推荐值见表 4-4。

表 4-3　鲤鱼体组织氨基酸需要量

项目	占饲料蛋白重/%	占饲料蛋白重/%	每日每千克体重/毫克	占日粮重/%	占饲料蛋白重/%
精氨酸	4.30	4.40	506.1	1.74	6.39
组氨酸	2.10	1.50	145.1	0.70	2.74
赖氨酸	5.70	6.00	458.3	2.27	7.31
异亮氨酸	2.50	3.40	255.1	1.30	3.99

续表

项目	占饲料蛋白重/%	占饲料蛋白重/%	每日每千克体重/毫克	占日粮重/%	占饲料蛋白重/%
亮氨酸	3.30	4.80	428.8	2.45	7.05
蛋氨酸	2.10	1.80	105.1	1.05	3.81
苯丙氨酸	3.40	3.40	4.26	1.41	4.26
色氨酸	0.80	0.80	1.12		1.12
苏氨酸	3.90	3.80	4.40	1.43	4.40
缬氨酸	3.60	3.40	4.75	1.56	4.57
资料来源	Nose (1979)	Ogino (1980)	Dabrowski (1982)	李爱杰 (1999)	罗岗 (2004)

注：Nose是利用氨基酸梯度日粮法，Ogino、李爱杰与罗岗都是以组织氨基酸为参考模型，Dabrowski则是根据肠道吸收率测定的。

表4-4 鲤鱼饲料中必需氨基酸含量推荐值（SC/T 1026—2002）

饲料种类	精氨酸/%	组氨酸/%	苏氨酸/%	异亮氨酸/%	亮氨酸/%	缬氨酸/%	苯丙氨酸/%	色氨酸/%
鱼苗饲料	1.7	0.9	1.6	1	1.4	1.5	2.7	0.4
鱼种饲料	1.6	0.8	1.5	1.3	1.3	1.4	2.5	0.3
成鱼饲料	1.2	0.6	1.2	1	1	1.1	1.9	0.2

二、鲫鱼对蛋白质和氨基酸的营养需求

鲫鱼属于杂食性鱼类，鱼苗和亲鱼阶段对蛋白质的需求量较高。刘颖（2008）、何瑞国等（1999）在对彭泽鲫的研究中发现，无论是使用高质量的蛋白源还是低质量的蛋白源，其可消化蛋白的需求量均在30%左右；贺锡勤等（1990）在对异育银鲫鱼种的研究发现，其蛋白质最适需求量为39.3%；钱雪桥（2001）在对初始体重4.8克异育银鲫的研究也表明，以鱼粉为蛋白源时蛋白需求量为38.4%；龙勇等（2008）发现，当饲料中蛋白水

平为40%时对异育银鲫的性腺发育最好。水产行业标准（2004）规定，鲫鱼鱼苗饲料粗蛋白含量≥39%，鱼种饲料≥32%，食用鱼饲料≥28%，而在一般生产中，鲫鱼饲料粗蛋白含量一般在33%～36%。

有关鲫鱼必需氨基酸需求量的研究较少，异育银鲫对饲料中氨基酸的需求量研究总结见表4-5；鲫鱼饲料中氨基酸需求的建议添加量见表4-6。

表4-5 异育银鲫氨基酸需要量研究进展

项目	氨基酸需求量(占饲料百分含量)	来源
赖氨酸/%	3.27	周贤君(2005)
	2.04	王益峰(2009)
蛋氨酸/%	0.69	周贤君(2005)
	0.98	王益峰(2009)
含硫氨基酸/%	1.11	周贤君(2005)
缬氨酸/%	1.72	李佳梅等(2010)
酪氨酸/%	1.04	马志英等(2010)

表4-6 鲫鱼饲料中必需氨基酸含量推荐值（SC/T 1076—2004）

项目	精氨酸/%	组氨酸/%	异亮氨酸/%	亮氨酸/%	苯丙氨酸/%	苏氨酸/%	色氨酸/%	缬氨酸/%
鱼苗饲料	1.64	0.71	1.29	2.43	1.01	1.33	0.23	1.33
鱼种饲料	1.34	0.58	1.06	1.99	0.83	1.09	0.20	1.09
食用鱼饲料	1.18	0.50	0.93	1.69	0.73	0.95	0.17	0.95

三、草鱼对蛋白质和氨基酸的营养需求

草鱼是典型的草食性鱼类，消化能力强，具有生长快、饲料

来源广的特点，为我国“四大家鱼”之一，其在不同阶段、不同环境条件下对蛋白质的需求量也具有较大差异（表 4-7）。一般来说，草鱼饲料中蛋白质含量从鱼苗到鱼种阶段的适宜含量为30%～36%，鱼种到成鱼阶段为 22%～28%。水产行业标准（2002）规定，草鱼鱼苗饲料粗蛋白≥38%，鱼种饲料≥30%，食用鱼饲料≥25%。

表 4-7 草鱼对蛋白质的需求量

种类	体重/克	水温/℃	蛋白源	蛋白质需求量（占饲料的百分含量）/%	备注
草鱼	0.15～0.20	22～23	酪蛋白	52.6±1.9	Dabrowski，1977
	1.9	25～26	酪蛋白	48.26	廖朝兴等，1987
	2.4～8	26～30.2	酪蛋白和鱼肉粉	22.27～27.66	林鼎等，1980
	3.5～4	18～23	酪蛋白	29.64	廖朝兴等，1987
	7.4	25.5	酪蛋白/明胶=4/1		王胜，2006
	10	25	酪蛋白	28.20	廖朝兴等，1987
	209	27.5～33.5	秘鲁鱼粉和酪蛋白	26.05～27.20	李彬等，2014

有关草鱼对必需氨基酸的需求已有很多报道，王胜等（2006）研究表明，草鱼饲料（CP38%）中赖氨酸适宜需求量为 19.4 克/千克饲料，精氨酸的适宜需求量为 17.9 克/千克饲料，草鱼饲料（CP37%）中胱氨酸含量为 1.1 克/千克饲料时蛋氨酸的适宜需求量为 11.0 克/千克饲料；文华等（2009）研究则显示，草鱼幼鱼对苏氨酸的需要量为 14.2～16.1 克/千克饲料，对异亮氨酸的需求量为 14.1～14.9 克/千克饲料（尚晓迪等，2009），对缬氨酸的需要量为 15.1～16.0 克/千克饲料（罗莉等，2010）。草鱼肌肉和饲料必需氨基酸含量中的推荐含量见表 4-8。

表 4-8 草鱼肌肉和饲料必需氨基酸含量中的推荐含量

项目	草鱼肌肉氨基酸含量		草鱼饲料氨基酸含量推荐值				
精氨酸/%	4.76	5	1.68	1.40	2.13	1.68	1.40
组氨酸/%	1.78	1.78	0.67	1.78	0.85	0.67	0.56
异亮氨酸/%	3.61	2.8	1.18	0.80	1.49	1.18	0.98
亮氨酸/%	6.12	5.4	1.98	1.50	2.51	1.98	1.65
赖氨酸/%	6.14	5.64	1.5	1.64			
蛋氨酸/%	2.08	2.6	0.6	0.75			
苯丙氨酸/%	3.04	5.64	1.09	1.58	1.38	1.09	0.91
苏氨酸/%	3.36	2.8	1.01	0.80	1.28	1.01	0.84
色氨酸/%		0.32	0.24	0.09	0.30	0.24	0.20
缬氨酸/%	3.95	3.5	1.36	0.98	1.72	1.36	1.13
资料来源	廖朝兴(1996)	李爱杰(1996)	廖朝兴(1996)	林鼎等(1995)	水产行业标准(2002)鱼苗饲料	水产行业标准(2002)鱼种饲料	水产行业标准(2002)食用鱼饲料

四、青鱼对蛋白质和氨基酸的营养需求

杨国华等（1981）采用酪氨酸梯度法求得青鱼夏花饲料最适蛋白质需求量为41%，并根据实验结果提出2龄青鱼和老口青鱼饲料蛋白含量应为33%和28%。王道尊（1984）研究表明，青鱼鱼种饲料的蛋白质适宜含量为29.54%～40.85%。水产行业标准（2004）规定，青鱼1龄鱼种饲料蛋白质含量应≥38%，2龄鱼种≥33%，食用鱼种≥28%。且一般认为，青鱼对蛋白质的需求量在夏花阶段为40%，鱼种阶段为35%，食用鱼阶段为

30%。青鱼对必需氨基酸的需求量见表 4-9。

表 4-9 青鱼对必需氨基酸的需求量

饲料种类	赖氨酸/%	色氨酸/%	蛋氨酸/%	异亮氨酸/%	亮氨酸/%	精氨酸/%	组氨酸/%	苯丙氨酸/%	缬氨酸/%	苏氨酸/%	来源
当年鱼种	2.40	2.50	1.10	0.80	2.40	2.70	1.00	0.80	2.10	1.30	冷向军等(2003)
鱼苗		0.35		1.30	2.40	2.20	0.90	1.20	2.10	1.35	水产行业标准(2004)
鱼种		0.28		1.20	2.40	2.10	0.74	1.10	1.71	1.30	
成鱼		0.24		1.16	1.90	1.90	0.65	1.08	1.45	1.10	

五、罗非鱼对蛋白质和氨基酸的营养需求

一般而言，罗非鱼对饲料中粗蛋白的需求量为 28%～32%，且需求量依饲料品种和类型变化而变化很大，同样也受鱼体大小、饲喂次数和日粮性质的影响。雍文岳等（1994）对 34 克的罗非鱼的养殖试验得出饲料中最适蛋白质含量为 28.5%～29%，并且建议尼罗罗非鱼鱼苗到鱼种阶段蛋白质需求量为 30%～35%，成鱼及亲鱼阶段为 28%～30%。胡国成等（2006）用三种不同蛋白含量的饲料饲喂吉富尼罗罗非鱼（3～4 克），证实 37.6%的饲料组效果最好。杨弘等（2012）研究表明，罗非鱼（4.7 克）的生长性能随饲料粗蛋白含量的增多（25%～45%）而升高，但没有显著变化，且 25%的粗蛋白含量即可满足罗非鱼的正常生长。NCR（1993）推荐罗非鱼的粗蛋白为 32%，水产行业标准（2004）推荐鱼苗饲料粗蛋白≥38%，鱼种饲料≥28%，食用鱼饲料≥25%。

有关罗非鱼肌肉中氨基酸组成见表 4-10（秦培文，2010）。杨青松等（1985）研究发现罗非鱼日粮中蛋白质和氨基酸含量会直接影响机体组织中的氨基酸成分，当尼罗罗非鱼鱼苗饲料粗蛋

白的含量在40.14%～43.37%，必需氨基酸含量在12.24%～15.07%；当成鱼饲料粗蛋白含量在22.31%～30.90%，必需氨基酸含量在8.04%～9.28%，可以满足罗非鱼生长对蛋白和氨基酸的需要。金胜洁等（2010）也研究证实，可以通过补充必需氨基酸，饲料蛋白含量从34%降到28%对罗非鱼生长无影响。Santiago和Lovell（1988）进行了一系列的投喂实验，得出罗非鱼幼鱼对各种必需氨基酸的需求量见表4-11，罗非鱼饲料必需氨基酸含量的推荐值见表4-12。

表4-10　罗非鱼肌肉中氨基酸含量（干样）

项目	尼罗罗非鱼	奥利亚罗非鱼	吉富罗非鱼	奥尼罗非鱼
异亮氨酸/(毫克/克)	45.07	42.87	44.18	49.32
亮氨酸/(毫克/克)	71.49	73.25	75.64	79.76
苏氨酸/(毫克/克)	40.78	36.16	39.67	43.39
缬氨酸/(毫克/克)	46.63	43.45	44.86	48.22
蛋氨酸/(毫克/克)	25.27	21.91	23.45	27.72
苯丙氨酸/(毫克/克)	50.87	44.49	47.64	49.93
赖氨酸/(毫克/克)	80.61	75.56	78.37	82.56
组氨酸/(毫克/克)	26.62	19.26	20.62	22.21
精氨酸/(毫克/克)	55.58	46.63	48.95	52.88
天冬氨酸/(毫克/克)	83.25	91.64	86.40	89.34
丝氨酸	27.63	28.67	31.46	30.05
谷氨酸/(毫克/克)	123.49	116.37	121.56	124.23
脯氨酸/(毫克/克)	22.26	23.48	25.83	22.12
甘氨酸/(毫克/克)	53.32	53.69	49.61	51.36
丙氨酸/(毫克/克)	57.18	56.46	55.67	53.97
半胱氨酸/(毫克/克)	5.99	8.98	7.58	9.69
酪氨酸/(毫克/克)	26.87	25.62	26.57	30.53
总计/(毫克/克)	842.91	808.49	828.33	867.28

表 4-11 尼罗罗非鱼对必需氨基酸的需求量

项目	占总蛋白比例/%
精氨酸	4.2
组氨酸	1.7
异亮氨酸	3.1
亮氨酸	3.4
赖氨酸	5.1
甲硫氨酸和半胱氨酸	3.2
苯丙氨酸和酪氨酸	5.5
苏氨酸	3.7
色氨酸	1.0
缬氨酸	2.8

表 4-12 水产行业标准（2004）推荐罗非鱼饲料必需氨基酸含量

项目	精氨酸/%	组氨酸/%	异亮氨酸/%	亮氨酸/%	苯丙氨酸/%	苏氨酸/%	色氨酸/%	缬氨酸/%
鱼苗饲料	1.89	0.79	1.24	2.13	1.22	1.31	0.30	1.50
鱼种饲料	1.40	0.58	0.91	1.57	0.90	0.96	0.22	1.11
食用鱼饲料	1.25	0.52	0.81	1.40	0.81	0.86	0.19	0.99

六、团头鲂对蛋白质和氨基酸的营养需求

团头鲂对蛋白质的需求量随水温的变化而有所不同，在水温20～30℃时基本呈正态分布，石文雷等（1983）采用精制饲料梯度法，确定了团头鲂蛋白质适宜量的需要范围：水温 20℃时为27.04%～30.39%，水温 25～30℃时为 25.58%～41.40%；邹志清等（1987）采用直线回归和抛物线回归两种方法，得出团头鲂对饲料中蛋白质的需求范围为 21.05%～30.83%。在生产中，

多把水温 20℃时的团头鲂对蛋白质需求量定义为 27%～31%，水温 25～30℃时的团头鲂的蛋白需求量定义为 25%～42%。水产行业标准（2004）规定，团头鲂鱼苗饲料粗蛋白含量应≥35%，鱼种饲料≥30%，食用鱼饲料≥25%。团头鲂对饲料中氨基酸的需求量及建议量见表 4-13。

表 4-13 团头鲂对饲料中氨基酸的需求量及建议量

氨基酸种类	占饲料干物质的量/%	鱼苗饲料/%	鱼种饲料/%	食用鱼饲料/%
精氨酸/%	2.04～2.08	2.03	1.74	1.45
组氨酸/%	0.60～0.62	0.74	0.63	0.53
苏氨酸/%	1.10～1.25	1.44	1.23	1.02
缬氨酸/%	1.44～1.61	1.47	1.26	1.05
异亮氨酸/%	1.46～1.47	1.33	1.14	0.95
亮氨酸/%	2.02～2.17	2.38	2.04	1.70
苯丙氨酸/%	1.26～1.43	1.40	1.20	1.00
色氨酸/%	1.10～1.25	0.32	0.27	0.23
赖氨酸/%	1.86～1.98			
蛋氨酸/%	0.59～0.66			
资料来源	陆茂英等(1992)	水产行业标准(2004)		

七、虹鳟对蛋白质和氨基酸的营养需求

虹鳟为肉食性鱼类，对蛋白质的需求量较高，一般为35%～40%。颜法文等（1992）认为虹鳟鱼鱼苗饲料的蛋白质含量应略高，可达 52%，成鱼饲料的蛋白质含量在 42% 比较好。Kirchner（2003）用不同蛋白水平的等能饲料饲喂虹鳟，结果发现，当蛋白水平为 35.7%时，虹鳟的生长率和蛋白质效率均最

好。此外，付锦锋（2012）在饲料中加入2.1%的赖氨酸时，蛋白水平37%与42%的虹鳟的增重率和饲料系数相同，说明饲料中添加氨基酸可以起到节约蛋白质的作用。水产行业标准（1999）规定，虹鳟鱼苗饲料粗蛋白含量应≥45%，鱼种饲料≥42%，成鱼饲料≥40%，亲鱼饲料≥42%。

虹鳟达到最佳蛋白沉积率时对各种必需氨基酸的需求量千克干物质中分别为赖氨酸27.7克，色氨酸2.0克、组氨酸5.8克、缬氨酸15.7克、亮氨酸13.6克、异亮氨酸13.7克干物质，对这些氨基酸的维持需求每天100克体重中分别为赖氨酸1.93毫克、色氨酸1.05毫克、组氨酸1.07毫克、缬氨酸2.92毫克、亮氨酸8.26毫克、异亮氨酸0.91毫克，并且较高量的蛋白水平可以在一定程度提高氨基酸的利用率。此外，水产行业标准（1999）对虹鳟饲料必需氨基酸需要量推荐值见表4-14。

表4-14 虹鳟饲料必需氨基酸需要量推荐值

（水产行业标准，1999）

项目	精氨酸/%	组氨酸/%	异亮氨酸/%	亮氨酸/%	赖氨酸/%	蛋氨酸/%	苯丙氨酸/%	苏氨酸/%	色氨酸/%	缬氨酸/%
需要量	2.5	0.7	1.0	1.5	2.1	1.6	2.0	0.8	0.2	1.3

注：蛋氨酸指标中包括胱氨酸，如不包括则为0.5%。

第二节

淡水鱼类对脂肪和必需脂肪酸的营养需求

鱼类对脂肪有较高的消化率，尤其是低熔点脂肪，其消化率一般为90%以上，有的鱼甚至将脂肪完全吸收。脂肪由各种脂肪酸和甘油组成，是鱼体热能的主要来源，它还可提供鱼类必需脂肪酸，并作为脂肪溶性维生素（维生素A、维生素D、维生素E、维生素K）的载体，促进其吸收。在饲料中添加油脂可起到节约蛋白质、提高饲料的利用率的作用，但过多的脂肪又会在肝脏堆积，形成脂肪肝。一般情况下，鱼类对脂肪有较高的适应能力，消化率也高，但也不能过量，饲料中脂肪含量应控制在15%以下。此外，L-肉毒碱可以携带长链脂肪酸通过线粒体膜，促进脂肪的β-氧化，在饲料中添加可以增强动物脂肪的消化能力，但由于淡水鱼类本身生理特征的差异性，作用效果也不相同。因此，如果某种淡水鱼类可以有效利用L-肉毒碱，摄食含适量L-肉毒碱的饲料对提高饲料的消化吸收率及降低饲料蛋白含量都有很大效果。

脂肪易被氧化，产生醛、酮等对鱼有毒的物质，鱼类将产生厌食现象，降低饲料转化率，还会使某些鱼类产生“瘦脊病”。因此，饲料中应添加适量的抗氧化剂。配合饲料中添加脂肪或含高脂肪的原料时，应注意其脂肪是否已被氧化及其脂肪酸的组成，不使用氧化变质的脂肪或含氧化变质脂肪的饲料原料。

脂肪酸一般都是10个碳以上的双数碳原子的一类羧酸，根据碳链上是否含有不饱和键分为饱和脂肪酸和不饱和脂肪酸，而将脂肪肽链上含有18个碳以上并含有多个不饱和双键的脂肪酸称为多不饱和脂肪酸（PUFA）或高不饱和脂肪酸（HUFA），当不饱和键在羧基相反方向第三至第四个碳上时统称为n-3系列不饱和脂肪酸，如α-亚麻酸（18∶3n-3）、二十二碳五烯酸（22∶5n-3）（EPA）和二十二碳六烯酸（22∶6n-3）（DHA），当不饱和键在羧基相反方向第六至第七个碳上时统称为n-6系列不饱和脂肪酸，如亚油酸（18∶2n-6）、γ-亚麻酸（18∶3n-6）

和花生四烯酸（20：4*n*-6）。对鱼类而言，其自身可以合成*n*-7、*n*-9系列的不饱和脂肪酸，但不能合成*n*-3、*n*-6系列的不饱和脂肪酸，这些只有通过摄食获得的不饱和脂肪酸称为必需脂肪酸。鱼类对必需脂肪酸需求量有选择性，有自己的特点。淡水鱼对必需脂肪酸的需求种类主要为亚油酸和α-亚麻酸，有的也需要EPA和DHA。研究证明，淡水鱼具有更好地将亚油酸和亚麻酸转化为同系列更长链不饱和脂肪酸的能力。必需脂肪酸只能来源于饲料中的油脂，因此，在生产中，不仅要考虑脂肪添加的绝对量，还应考虑其所含必需脂肪酸的种类和含量。

饲料中脂肪和必需脂肪酸的适宜含量因鱼的食性、年龄、水温等因素的不同而不同。有关淡水鱼类对饲料中脂肪和必需脂肪酸适宜需求量，学者们做了大量的工作，现详细说明如下。

一、鲤鱼对脂肪和必需脂肪酸的营养需求

鲤鱼对脂肪的利用率较高，Takeuchi等（1979）研究认为，满足鲤鱼的最佳生长饲料中脂肪适宜水平为5%～15%。伍代勇等（2011）设计了三种不同水平蛋白和脂肪的正交试验，结果表明，适宜量的脂肪含量可以起到节约蛋白质的作用，且最适添加量为9%。陈勇等（2002）在鲤鱼饲料中添加肉毒碱，来探索其对于不同蛋白水平饲料脂肪消化率的影响，结果显示，肉毒碱可大大提高鲤鱼饲料脂肪的消化率，且蛋白水平越低，促进效果越好。结合上述研究，我们可以在鲤鱼低蛋白饲料中添加适量肉毒碱，在提高饲料脂肪的消化率的同时进一步达到节约蛋白质的效果。水产行业标准（2002）规定鱼种前期饲料粗脂肪含量应≥7%，鱼种后期饲料粗脂肪含量应≥5%，成鱼期饲料粗脂肪含量应≥4%；罗氏公司的推荐量则为小鱼饲料粗脂肪含量10%，幼鱼饲料粗脂肪含量7%，中鱼饲料粗脂肪含量5.5%；NRC（1993）认为鲤鱼饲料脂肪水平推荐值和设计值一般在4%～6%

水平。水产行业标准（2002）推荐鲤鱼饲料中必需脂肪酸含量值为亚麻酸 0.5%、亚油酸 0.5%。

二、鲫鱼对脂肪和必需脂肪酸的营养需求

廖朝兴等（1990）研究报道显示，异育银鲫对脂肪的需求量为 5%～8%。王爱民等（2010）在对初始体重为 17 克的异育银鲫的研究发现，其适宜脂肪需求为 4.08%～6.04%。Pei 等（2004）则认为鲫鱼的脂肪需求量为 14.5%。胡雪峰等（2009）用不同蛋白、脂肪含量的饲料饲喂方正鲫，各组生长性能没有显著变化，但 3%的脂肪代替 6%的蛋白可以起到显著节约饲料成本的作用，养殖效益较好。王立新等（2005）发现，饲料中添加 100 毫克/千克肉毒碱鲫鱼的生长性能最好，添加 150 毫克/千克时肌肉粗脂肪含量可降低 45%，因此，肉毒碱也可以应用于鲫鱼饲料，通过提高脂肪的消化率来达到节约蛋白的作用。此外，异育银鲫可以有效利用鱼油、豆油和花生油，但对猪油的利用效果较差（王煜恒等，2010），因此生产中可以添加几种油的混合油来起到平衡脂肪酸含量及降低饲料成本的效果。水产行业标准（2004）则规定鲫鱼饲料粗脂肪含量鱼苗饲料应≥8%，鱼种饲料≥5%，食用鱼饲料≥4%。Chen（2010）发现，4 克/千克的 ω-3 高不饱和脂肪酸即可满足异育银鲫的正常生长。

三、草鱼对脂肪和必需脂肪酸的营养需求

草鱼是对脂肪利用能力较低的鱼类，雍文岳等（1985）研究表明，当饲料的脂肪含量在 7 克/100 克以下时，草鱼可以正常生长，其脂肪的适宜含量可能在 3.6 克/100 克左右。然而，毛永庆等（1985）则得出其适宜需求量为 8.9 克/100 克，需求量较高。此外，曹俊明（1997）发现，草鱼不能有效利用 L-肉毒碱提高生长性能和改善饲料系数。水产行业标准（2002）对草鱼

配合饲料粗脂肪含量的推荐值为鱼苗饲料≥5%，鱼种饲料、食用鱼饲料≥4%。一般而言，草鱼饲料中脂肪含量控制在3%～7%比较合适，脂肪过多会引起脂肪肝等营养性疾病。

不同脂肪酸对草鱼生长和组成营养成分的组成不同，当草鱼摄食不含脂肪或只含脂肪酸的饲料时相对生长率、饲料转化率和蛋白质效率均较低，并且当饲料中添加1%亚油酸+1%亚麻酸或1%亚油酸+0.5% *n*-3 HUFA饲料时，其生长性能最好（曹俊明，1996等）；Takeuchi等（1991）研究表明，草鱼对*n*-3系列和*n*-6系列的脂肪酸的需求量分别为1%和0.5%～1%。

四、青鱼对脂肪和必需脂肪酸的营养需求

王道尊等（1987）以马面鲀鱼油为脂肪源，以增重率为评价指标得出2龄青鱼和当年青鱼对脂肪需求量的最佳含量为6.2%和6.7%，当饲料脂肪含量在3%以下或8%以上时，青鱼则表现出身体消瘦、生长不良和增重率下降，因此认为青鱼鱼种饲料脂肪最佳需要量为6.5%，鉴于成鱼对脂肪的需求量降低，因此，认为1冬龄鱼种和成鱼饲料中脂肪含量分别为6.0%和4.5%。

王道尊等（1986）进行了必需脂肪酸对青鱼生长影响的初步研究发现，当饲料中缺乏脂肪或缺乏必需脂肪酸（仅添加5%月桂酸）时，青鱼出现眼球突出、竖鳞、体色变黑、鳍充血和死亡率较高等现象；而添加6%鱼油组青鱼的增重效果最佳，单一添加1%亚油酸或1%亚麻酸也均生长良好；当添加1%亚油酸+2%亚麻酸，或2%亚油酸+1%亚麻酸，或1%花生四烯酸时青鱼的生长均不理想。

五、罗非鱼对脂肪和必需脂肪酸的营养需求

庞思成（1994）在饲料中添加3%～5%的豆油时，饲料粗

脂肪含量为8.8%~10.7%，此时尼罗罗非鱼（120~160克）的生长最好；王爱民等（2011）也研究证实，吉富罗非鱼幼鱼（2.63克）的脂肪适宜需求量为7.67%~9.34%，两者的研究结果相似。Chou等（1996）用1∶1∶1的混合油（玉米胚芽油、鱼肝油、猪油）饲喂奥尼罗非鱼，结果显示5%的脂肪即可满足其正常生长，12%时其生长最好；但石桂城等（2012）发现，6.19%的脂肪水平可以促进吉富罗非鱼（37.0克）的生长，抗应激能力也得到提高，但当脂肪含量超过8.03%时，会导致鱼体血液转氨酶活性提高，不利于鱼体生长。此外，杜震宇（2002）在饲料中添加200毫克/千克的DL-肉毒碱和200毫克/千克的L-肉毒碱均不能促进罗非鱼的生长，也不能提高饲料消化率，说明罗非鱼并不能有效利用肉毒碱。水产行业标准（2004）推荐罗非鱼鱼苗饲料粗脂肪应≥8%，鱼种饲料粗脂肪≥6%，食用鱼饲料粗脂肪≥5%。

罗非鱼原产于非洲，食性杂、耐盐性好。研究发现，齐氏罗非鱼、尼罗罗非鱼和奥利亚罗非鱼都有将脂肪酸去饱和化以及将18∶2*n*-6和18∶3*n*-6延长为长链*n*-6和*n*-3系列不饱和脂肪酸的能力，其对必需脂肪酸的需求也与其他鱼种有些不同，其所需要的脂肪酸是作为哺乳动物必需氨基酸的18∶2*n*-6等*n*-6系列脂肪酸。例如Kanazawa等（1980）发现，饲喂18∶2*n*-6可以增强齐氏罗非鱼体组织20∶4*n*-6的含量。而且18∶2*n*-6或20∶4*n*-6对吉罗罗非鱼的促生长效果比18∶*n*-3或20∶5*n*-3高，表明其要求*n*-6脂肪酸胜于*n*-3脂肪酸，对18∶2*n*-6或20∶4*n*-6的需求量均为饵料的1%。

六、团头鲂对脂肪和必需脂肪酸的营养需求

团头鲂是偏草食性的鱼类，刘梅珍等（1992）采用精制饲料梯度法结果表明，团头鲂饲料中脂肪含量为2%~5%时，其增

重率、饲料系数和蛋白质效率均较好，且其饲料中脂肪的最适添加量为3.6%，生产中其饲料中脂肪含量一般≤5%。水产行业标准（2004）规定团头鲂鱼苗饲料粗脂肪≥5%，鱼种饲料粗脂肪≥4%，食用鱼饲料粗脂肪≥3%。此外，研究证明，团头鲂不能有效利用L-肉毒碱（高艳玲等，2009）。

刘玮等（1997）发现，团头鲂可以很好地利用豆油，生长性能显著优于其余组，其次为混合油、猪油、花生油，对菜油和鱼肝油的利用最差，且病死率高。除了n-3系列高不饱和脂肪酸之外，团头鲂必需脂肪酸还应包括18∶2n-6和18∶3n-6，前者需求量更大，高艳玲等（2009）也有相似发现，且其还发现，对团头鲂来说，20∶5n-3比18∶2n-6和18∶3n-3具有更大的脂肪效率。而且与上述研究不相符合的是，对生长性能而言，罗非鱼对豆油、菜油、猪油和油菜籽都可以有效利用，但猪油和油菜籽同时会引起肝胰脏的脂肪含量上升，不利于长期投喂，在生产中还应尽量考虑和其余油或豆油搭配使用。姚林杰等（2015）用不同水平的α-亚麻酸（18∶3n-3）和亚麻酸（18∶2n-6）的饲料饲喂罗非鱼，结果发现，对保证鱼体健康且快速生长的最适亚麻酸和亚油酸的含量分别为1.32%～1.33%、2.02%～2.03%。

七、虹鳟对脂肪和必需脂肪酸的营养需求

虹鳟属冷水性鱼类，脂肪可以作为虹鳟体内绝大多数器官和神经组织的防护性隔离层，起到保护和固定内脏器官的作用，并作为一种填充衬垫，避免机械摩擦，使之可以承受一定压力，因此与温水型鱼类相比，虹鳟所需脂类含量较高，一般而言，虹鳟饲料中的适宜脂肪含量为15%～25%，并可以将高水平的脂肪作为能源从而促进蛋白质的沉积。水产行业标准（SC/T 1030.7—1999）规定，虹鳟配合颗粒饲料粗脂肪含量应鱼苗期≥5%，鱼种期≥6%，育成鱼≥8%，亲鱼≥5%。

虹鳟的必需脂肪酸为 n-3 和 n-6 类脂肪酸，当缺乏时则会导致皮肤病（鳍腐烂）、休克综合征、心肌炎、生长缓慢、饲料效率降低和死亡增加等情况。Castell 等（1972）报道虹鳟 n-3 类脂肪酸的需要量为 1%，Watanabe 等（1974）与其研究结果相似，为 0.8%。

第三节

淡水鱼类对碳水化合物（糖类）的营养需求

鱼类是变温动物，不需要消耗能量维持体温，在水中的身体平衡较陆地上动物的平衡容易，因而耗能少。此外，鱼类蛋白质代谢废物是以氨气排出体外，因此对能量的需求量比畜禽类要低。

糖类的生理功能主要是供给鱼体生命活动的能量。饲料中含有适宜的糖类可节约蛋白质，提高蛋白质的有效利用率，提高生产性能和饲料报酬，如 β-淀粉等具有能量来源和食物纤维素营养功能的双重效果，能影响体内代谢功能，促进蛋白质、脂肪、碳水化合物的有效利用。饲料中缺乏碳水化合物，将严重影响鱼体内基础代谢及其他生理机能。但饲料中含糖过高，会降低蛋白质的消化率，甚至造成脂肪肝，例如，真鲷等鱼类会出现如人类“糖尿病”的相似症状。

鱼类对碳水化合物的利用随鱼的食性及糖的种类不同而不同，鱼类对糖的利用率很低。鱼类对单糖、双糖的消化率较高，淀粉次之，纤维素最差。配合饲料中含适量的纤维素可刺激鱼体消化道蠕动与消化酶的分泌，促进其他营养物质的消化；纤维素过多，则会妨碍消化道对其他营养物质吸收，甚至影响鱼类生长。

一、鲤鱼对碳水化合物的营养需求

鲤鱼对饲料中碳水化合物的利用率比较好，Ogino 等人（1976）研究表明，饲料中蛋白含量 45%、碳水化合物含量 26% 时，鲤鱼能获得最佳生长；刘伟等（1990）指出，鲤鱼鱼种配合饲料中蛋白含量为 30%～38%，脂肪为 5%～10%，糖类碳水化合物在 40%左右时较为适宜，与荻野珍吉（1984）研究结果相似；刘汉华等（1991）用正交试验的方法得出鲤鱼饲料碳水化合物适宜含量为 25%；吴道霖（1992）认为鲤鱼鱼苗期、鱼种期、成鱼期其饲料中粗纤维含量分别为≤3%、≤8%、≤10%。

二、鲫鱼对碳水化合物的营养需求

赵振伦等（1999）报道，异育银鲫鱼种淀粉酶的活性较高。曾训江等（1991）研究显示，湘云鲫饲料中碳水化合物的适宜水平为 28.67%～34.74%。蔡春芳等（2010）研究认为，40%的碳水化合物对彭泽鲫的生理功能无不良影响，因此，鲫鱼对碳水化合物具有一定的耐受能力。王芬（2008）、裴之华等（2005）的研究均表明，当饲料中淀粉水平为 24%时，异育银鲫的生长效果较好，且异育银鲫对饲料中粗纤维的适宜量为 11%。

三、草鱼对碳水化合物的营养需求

草鱼是草食性鱼类，对碳水化合物有较强的利用能力，当饲料中蛋白含量为 23%，淀粉含量在 20%～33%的范围时，草鱼的生长没有显著性差异，但当含量超过 40%时，草鱼生长会显著降低，并且，在饲料蛋白水平相同的情况下，随饲料中淀粉水平的增加，草鱼肠系膜脂肪沉积呈增加的趋势（田丽霞等，2002）。因此，碳水化合物在一定程度上可以起到节约蛋白质的作用。毛永庆等（1985）研究表明，草鱼幼鱼每100克体重碳水化合物的需求量约为1.12克；廖朝兴（1995）则推荐其饲料的可消化碳水化合物水平为37%～56%。另外，由于缺乏纤维素分解酶，草鱼对纤维素的利用能力非常低，但草鱼对纤维素的耐受能力很强（田丽霞等，2002）；黄忠志等（1983）认为当饲料中其他营养成分满足的情况下，粗纤维含量在10%～20%时，草鱼可以较好地生长。

四、青鱼对碳水化合物的营养需求

青鱼属于肉食性鱼类，对碳水化合物的利用非常有限，王道尊等（1984）研究表明，青鱼鱼种配合饲料中，当蛋白质含量为30%～41%时，添加20%左右的碳水化合物较为合适；杨国华（1981）则认为青鱼饲料中碳水化合物的最适含量为30%，且建议青鱼鱼种、1冬龄鱼种和食用鱼饲料中碳水化合物的适宜含量分别为30%、35%和35%；周文玉等（1988）等也有相似发现，因此，可以认为，当年青鱼鱼种、2龄青鱼鱼种和食用鱼饲料中碳水化合物含量分别为30%、30%和35%比较适宜。青鱼自身不具备分解纤维素的酶，但饲料中适宜的纤维素可以起到维持消化道正常功能的作用，饲料中纤维素含量以不超过8%为宜。

五、罗非鱼对碳水化合物的营养需求

一般认为，罗非鱼饲料中碳水化合物的适宜含量为30%～35%。有研究表明，罗非鱼能有效利用葡萄糖、蔗糖、糊精和淀粉，当其变化量从10%增加到40%时，鱼的生长和饲料转化率均有所提高，且摄食蔗糖、糊精饲料的鱼其饲料转化率和粗蛋白质积累较摄取葡萄糖和淀粉饲料的罗非鱼高，且罗非鱼对低分子碳水化合物的利用率高于高分子的碳水化合物。廖朝兴等（1985）证实尼罗罗非鱼饲料中纤维素含量的适宜范围为5%～20%，最适量为14.14%。

六、团头鲂对碳水化合物的营养需求

杨国华等（1989）采用精制饲料梯度法研究得出团头鲂当年鱼种碳水化合物的适宜需要量为25%～30%，成鱼为38%，纤维素为12%；郭履骥等（1981）经过试验也证实，团头鲂饲料中粗纤维的适宜量为12%。在实际生产中，一般鱼种阶段粗纤维含量≤11%，成鱼阶段≤14%。

七、虹鳟对碳水化合物的营养需求

Krogdahl等（2004）用不同淀粉含量的饲料饲喂虹鳟，结果发现，随着淀粉含量的提高，虹鳟蛋白质的沉积率增加，且可消化蛋白能量比（DP/MJ，即可消化蛋白质含量/兆焦耳）从26.3克降低到19.1克。因此可以看出，淀粉可以起到节约蛋白质的作用。据报道，虹鳟可消化碳水化合物的适宜含量小于或等于20%。

第四节

淡水鱼类对维生素的营养需求

维生素是动物营养上所必需的一些微量有机物，它虽然不产生能量，也不构成组织，但在新陈代谢中却起着重要作用。许多维生素是酶的辅基或组成部分，能调节各种代谢过程和激活某些机能物质，是维持鱼体健康正常生长发育不可缺少的物质。

鱼类和其他陆生动物一样，需要 15 种维生素，但需求量有较大差别，主要区别有以下几个方面。

（1）鱼类自身合成某些维生素的能力大大低于畜禽。

（2）鱼类需要高蛋白饲料，这就要求较多的与氨基酸代谢有关的 B 族维生素和维生素 C。

（3）鱼类需要一定量的不饱和脂肪酸，且对其利用率较高。因此，鱼类对与脂类代谢有关的维生素（如维生素 E 等）的需要量增加。

（4）鱼类能有效地吸取水中的钙，因此对维生素不足的敏感性不如畜禽。

（5）鱼类消化道中的微生物种类和数量均较少，因此消化道内合成维生素的数量相对较少。

此外，对于水溶性维生素而言，绝大多数不能在体内储存，当组织含量趋于饱和时，多余部分即随代谢排出，所以鱼类更容易出现水溶性维生素缺乏症；而脂溶性维生素可以在鱼体肝脏中大量储存，等到机体需要时便释放出来，但脂溶性维生素若是长期累积过多，则会加重肝脏代谢负担，不利于鱼体生长，若维生素 E 摄入过多（300～500 毫克/千克饲料），会导致草鱼鱼体脂肪沉积过多，生长速度下降。

对鱼类来说，维生素一般在体内不能合成或合成数量较少，不能充分满足机体需要，所以必须经常由食物供给。因此，若饲料中一旦某一维生素长期缺乏或不足，轻者引起鱼类生长缓慢，重者生长停滞、代谢失常、产生各种维生素缺乏症（表 4-15）。但某些维生素含量过高（主要是脂溶性维生素），同样对鱼的生长和健康不利。鱼类对维生素的需求量因鱼的种类、大小、年龄的不同而不同，并且也会受到环境因素的制约。

表 4-15 鱼类维生素缺乏的临床症状（卢迈新，1988）

维生素	临床症状
维生素 A	生长不均衡，眼球突出，水肿，腹水，体色变白
维生素 D	生长差，软骨症
维生素 E	生长变慢，成活率降低，贫血，腹水
维生素 K	贫血，延长凝血时间
维生素 B_1	生长差，厌食，惊厥乱动，失去平衡
维生素 B_2	生长不均衡，厌食
维生素 B_6	生长差，厌食，惊厥，痉挛，抵抗力下降，游泳异常，呼吸急促，鳃盖变形
泛酸	生长和成活率差，厌食，腮丝棍棒状，覆盖渗出物
烟酸	生长慢，饲料转换率差，贫血，厌食，皮肤损伤
生物素	生长变慢，饲料转换率降低，死亡率升高，腮瓣退化，皮肤损伤
叶酸	生长缓慢，贫血，饲料转换率差，厌食，腮发白
维生素 B_{12}	贫血
胆碱	生长不均衡，饲料转换率差
肌醇	厌食，生长缓慢，贫血
维生素 C	厌食，生长变慢，贫血，腹水，脊椎前凸或侧凸，嗜睡，出血性突眼症，肌肉内出血症

维生素需求量的研究方法一般是单因素梯度法和多因子正交法，然后根据剂量-反应曲线计算出最适宜量。此外，考虑到维生素本身的不稳定性、水溶性维生素的易溶性以及饲料加工过程的恶劣环境（尤其是膨化饲料），在添加维生素时应尽量选用包膜维生素，要比直接添加晶体维生素的添加效果好。

一、鲤鱼对维生素的营养需求

鲤鱼对维生素的营养需求量见表 4-16。

表 4-16 鲤鱼对维生素含量的需求量（占饲料含量）

维生素	长野配方/(毫克/千克)	水产行业标准(2002)/(毫克/千克)
维生素 B_1	5	4
维生素 B_2	10	20
维生素 B_6	30	20
烟酸	30	25～30
泛酸钙	20	30～50
肌醇	50	200～400
维生素 K	1	
维生素 E	50	80～100
胆碱	500	500～4000
PABA	30	
叶酸	1	
维生素 C	10	300～500
维生素 A	4400 国际单位/千克	2000～100000 国际单位/千克
维生素 D_3	8800 国际单位/千克	1500～50000 国际单位/千克
生物素	0.2	5～6

二、鲫鱼对维生素的营养需求

鲫鱼配合饲料中各种维生素含量的推荐值见表 4-17。

表 4-17 鲫鱼配合饲料维生素含量推荐值（占饲料含量）

维生素	现有研究/(毫克/千克)		水产行业标准(2004)/(毫克/千克)		
			鱼苗饲料	鱼种饲料	食用鱼饲料
维生素 B_1	18	林仕梅等(2003)	18	12	9
维生素 B_2			24	16	12
维生素 B_6	3.76	王锦林(2007)	18	12	9
	5	林仕梅等(2003)			
	7.62～11.36	王锦林(2007)			

续表

维生素	现有研究/(毫克/千克)		水产行业标准(2004)/(毫克/千克)		
			鱼苗饲料	鱼种饲料	食用鱼饲料
泛酸钙			48	32	24
烟酸	31.27	王锦林(2007)	108	72	54
生物素			0.2	0.1	0.1
叶酸			3	2	1.5
肌醇			150	100	75
氯化胆碱	3	莫伟仁等(1996)			
维生素 C	150～300	宋学宏等(2002)	300	200	150
	400	王道尊等(1996)			
维生素 K			10	6	5
维生素 E			120	80	60
维生素 B_{12}			0.015	0.01	0.007
维生素 A			3000 国际单位/千克	2000 国际单位/千克	1500 国际单位/千克
维生素 D			1500 国际单位/千克	1000 国际单位/千克	750 国际单位/千克

三、草鱼对维生素的营养需求

草鱼配合饲料中各种维生素含量的推荐值见表 4-18。

表 4-18 草鱼配合饲料维生素含量推荐值（占饲料含量）

维生素	廖朝兴等(1997)/(毫克/千克)	李爱杰(2005)/(毫克/千克)	水产行业标准(2002)/(毫克/千克)
维生素 B_1	5	20	5
维生素 B_2	10	20	10

续表

维生素	廖朝兴等(1997)/(毫克/千克)	李爱杰(2005)/(毫克/千克)	水产行业标准(2002)/(毫克/千克)
维生素 B_6	10	11	10
泛酸钙	40	50	40
烟酸	100	100	100
叶酸	5	5	5
肌醇	200	100	200
生物素	1		1
氯化胆碱	600	550	600
维生素 C	300	600	300
维生素 K	10	10	10
维生素 E	100	62	50
维生素 B_{12}	0.02	0.01	0.02
维生素 A	2000 国际单位/千克	5500 国际单位/千克	2000 国际单位/千克
维生素 D	2000 国际单位/千克	1000 国际单位/千克	400 国际单位/千克

四、青鱼对维生素的营养需求

青鱼配合饲料中各种维生素含量的推荐值见表 4-19。

表 4-19　青鱼对维生素需求量的推荐值（占饲料含量）

维生素	上海水产研究所(1992)/(毫克/千克)	水产行业标准(2004)/(毫克/千克)
维生素 B_1	5	5
维生素 B_2	10	10
维生素 B_6	20	10
泛酸钙	20	20～30
烟酸	50	50
生物素		1.0
叶酸	1	1.0

续表

维生素	上海水产研究所(1992)/(毫克/千克)	水产行业标准(2004)/(毫克/千克)
肌醇		100～200
氯化胆碱		
维生素 C	50	100～150
维生素 K	3	
维生素 E	10	10～20
维生素 B_{12}	0.01	
维生素 A	5000 国际单位/千克	2000～5000 国际单位/千克
维生素 D	1000 国际单位/千克	

五、罗非鱼对维生素的营养需求

罗非鱼对维生素的营养需求量研究结果见表 4-20。

表 4-20 罗非鱼对维生素的营养需求量（占饲料含量）

维生素种类	彭爱明(1996)、迟淑艳等(2002)、余伟明等(2000)/(毫克/千克)	水产行业标准(2004)/(毫克/千克)		
		鱼苗饲料	鱼种饲料	食用鱼饲料
维生素 B_1	5	18	12	9
维生素 B_2	5～10	24	16	12
维生素 B_6		18	12	9
泛酸钙		48	32	24
烟酸		108	72	54
生物素		0.2	0.1	0.1
叶酸	1.5	3	2	1.5
维生素 B_{12}	0.02	0.015	0.01	0.007
维生素 C	50～100	300	200	150
肌醇	80～200	150	100	75
胆碱	40～1200	1200	800	600

续表

维生素种类	彭爱明(1996)、迟淑艳等(2002)、余伟明等(2000)/(毫克/千克)	水产行业标准(2004)/(毫克/千克)		
		鱼苗饲料	鱼种饲料	食用鱼饲料
维生素 A	2000 国际单位/千克	3000 国际单位/千克	2000 国际单位/千克	1500 国际单位/千克
维生素 D_3		1500 国际单位/千克	1000 国际单位/千克	750 国际单位/千克
维生素 E	40 国际单位/千克	120	80	60
维生素 K	5	10	6	5

六、团头鲂对维生素的营养需求

团头鲂对维生素的营养需求量研究结果见表 4-21。

表 4-21　团头鲂对维生素的营养需求量（占饲料含量）

维生素种类	现有研究/(毫克/千克)		水产行业标准(2004)/(毫克/千克)
维生素 B_1			5
维生素 B_2			10
维生素 B_6			50
泛酸钙	50	杨国华等(1989)	50
烟酸	20	杨国华等(1989)	25
叶酸			1
维生素 C	50	杨国华等(1989)	20
	133.7～251.5	万金娟等(2014)(对免疫而言)	
肌醇			150
胆碱	1198	王敏(2013),对增重而言	1000
维生素 A			5000 国际单位/千克
维生素 D			1000 国际单位/千克
维生素 E	138.5	周明等(2013)	50
维生素 K			10

七、虹鳟对维生素的营养需求

虹鳟对维生素的营养需求量研究结果见表4-22。

表4-22 虹鳟对维生素的需求量（占饲料含量）

维生素	Halver配方/(毫克/千克)	长野配方/(毫克/千克)	NRC(1993)/(毫克/千克)	水产行业标准(1999)/(毫克/千克)
维生素 B_1	12	10	1	10
维生素 B_2	40	30	4	20
泛酸	56	40	20	40
肌醇	800	100	300	400
生物素	1.2	0.5	0.15	1
叶酸	3	3	1	5
胆碱	1600	700	1000	3000
烟酸	160	100	10	150
维生素 B_6	8	7	3	10
维生素 B_{12}			0.01	0.02
维生素C	400	100	50	100
对氨基苯甲酸	80	70		
维生素A	4400国际单位/千克	5000国际单位/千克	2500国际单位/千克	2500国际单位/千克
维生素 D_3	880国际单位/千克	1000国际单位/千克	2400国际单位/千克	2400国际单位/千克
维生素E	80国际单位/千克	30国际单位/千克	50国际单位/千克	30
维生素K	8	1		10

第五节

淡水鱼类对无机盐的营养需求

无机盐又称矿物质或灰分，是鱼类生长不可缺少的营养，还是酶系统的催化剂，具有多方面的生理功能。鱼类对无机盐的需要可分为两类：一类为常量元素，包括钙、镁、钾、钠、磷、硫、氯；另一类为微量元素，包括铁、锌、锰、铜、碘、钴、硒等20多种。矿物质不能互相转换或代替，饲料中无机盐不足或缺乏对，即使其他营养充足，也会影响淡水鱼类健康和正常生长繁殖，严重时可造成动物死亡。

鱼类能够通过鳃和口腔上皮等器官，从水中吸收少量的无机盐元素（如钙、钠、氯等），但它们对水体中的某些矿物元素（如磷）并不能有效利用，则必须由食物供给，但常规饲料中的矿物质元素难以满足鱼类快速生长的需要，因此，必须在饲料中添加矿物质。

鱼类对各种矿物质的吸收率不同，所以在添加矿物盐时，应选用鱼类吸收较高的无机盐、有机物或有机螯合物。

鱼类对矿物质的需要有一点必须注意的是，钙与磷的比例问题。几乎所有鱼类对磷元素都需要，且需要量为所有矿物元素之首。鱼类能有效地吸收水中的钙，但不能摄取磷。因此，对饲料中钙的需要量较少，而磷则必须由饲料供给，且机体需要量一定要给予满足。鱼类对磷的需求量一般在0.4%～0.9%。

一、鲤鱼对无机盐的营养需求

鲤鱼对无机盐的营养需求量见表4-23。

表4-23 鲤鱼对无机盐的营养需求量（占饲料含量）

矿物元素	李爱杰等(1996)	其余研究/(毫克/千克)		水产行业标准(2002)/(毫克/千克)
镁	0.04%～0.05%	0.8	侯永清(1996)	2000
钠				1000
钾				1000
氯				1000
铁	150×10^{-6}	50	侯永清(1996)	100～150
		150	NRC(1993)	
铜	3×10^{-6}	3	NRC(1993)	1～3
锌	$(15～30)\times10^{-6}$	100	侯永清(1996)	150～200
锰	13×10^{-6}	13	NRC(1993)	12～13
碘		0.6	石文雷等(1998)	0.1～0.3
钴	0.1×10^{-6}	9～10	麦康森(2003)	0.005～0.01
硒		0.12	石文雷等(1998)	0.15～0.4
钙	0.7%～0.8%			
磷	0.6%～0.7%	6		

二、鲫鱼对无机盐的营养需求

鲫鱼对无机盐的营养需求量见表4-24。

表 4-24　鲫鱼对无机盐的营养需求量（占饲料含量）

矿物元素	现有研究/(毫克/千克)		水产行业标准(2004)/(毫克/千克)		
			鱼苗饲料	鱼种饲料	食用鱼饲料
镁			600	500	400
钙			25000	20000	20000
铁	301.68	萧培珍(2008)	60	40	30
铜	24.18	袁建明等(2008)	6	4	3
钴			1	6.7	5.0
锌	128.67	萧培珍(2008)	100	67	50
锰	60	郭建林等(2009)	50	33	25
碘			1	0.6	0.5
硒	0.6～1.2	朱春峰(2009)	0.2	0.13	0.1

三、草鱼对无机盐的营养需求

草鱼对无机盐的营养需求量见表 4-25。

表 4-25　草鱼对无机盐的营养需求（占饲料含量）

矿物元素	廖朝兴等(1997)/(毫克/千克)	黄耀桐等(1989)/(毫克/千克)	水产行业标准(2002)/(克/千克)
镁		0.3～0.4	0.3
钙		6.5～7.3	20
钾		5.0～5.7	4.6
钠		1.5～1.7	2.0
氯		4.2～4.7	0.3
硫			0.97
铁	200	820～920	0.20
铜	3.2	4.6～5.0	4×10^{-3}
钴	12.4	9.0～10.0	1.2×10^{-4}
锌	34.1		4×10^{-2}
锰	13.0	9.0～10.0	2×10^{-2}
碘	5.7		8×10^{-4}

四、青鱼对无机盐的营养需求

青鱼无机盐添加剂配方见表 4-26。

表 4-26 青鱼无机盐添加剂配方

无机盐	4%添加量无机盐的百分比/%
硫酸镁	12.5
磷酸氢钙	75.7
柠檬酸	5.1
硫酸亚铁(七水)	2.74
硫酸锌(七水)	1.47
氯化钠	1.03
硫酸锰(五水)	1.13
硫酸铜(五水)	0.13
硫酸钾	0.106
氯化钴	0.067
钼酸铵	0.027

青鱼饲料中无机盐含量的推荐值见表 4-27。

表 4-27 青鱼饲料中无机盐含量的推荐值

(水产行业标准，2004)

项目	铁	铜	锌	锰	碘	钴	硒
推荐值/(毫克/千克饲料)	50	3～5	50～100	12～13	0.1～0.3	0.1～1.0	0.15～0.4

五、罗非鱼对无机盐的营养需求

罗非鱼饲料中无机盐的建议添加量见表 4-28。

表 4-28　罗非鱼饲料中无机盐的建议添加量（占饲料含量）

矿物元素种类	雍文岳(1994)	NRC(1993)	水产行业标准(2004)/(克/千克)		
			鱼苗饲料	鱼种饲料	食用鱼饲料
钙			25	20	20
镁	0.59～0.77 克/千克	0.025 克/千克	0.6	0.5	0.4
铁	0.15 克/千克	0.025 克/千克	0.06	0.04	0.03
锌	10 毫克/千克	100 毫克/千克	0.1	0.067	0.05
锰	12 毫克/千克		0.05	0.033	0.025
铜	3～4 毫克/千克	10 毫克/千克	6×10^{-3}	4×10^{-3}	3×10^{-3}
钴		0.025 毫克/千克	1×10^{-3}	6.7×10^{-4}	5×10^{-4}
碘		3.5 毫克/千克	1×10^{-3}	6×10^{-4}	5×10^{-4}
硒		0.3 毫克/千克	2×10^{-4}	1.3×10^{-4}	1.0×10^{-4}

六、团头鲂对无机盐的营养需求

团头鲂对无机盐的需求量见表 4-29。

表 4-29　团头鲂对无机盐的需求量（占饲料含量）

项目	石文雷等(1997)（不包括饲料原料中的含量）	朱雅珠等(1997)/(毫克/千克)	刘汉超等(2014)	董娇娇(2014)/(毫克/千克)	水产行业标准(2004)/(克/千克)
镁	0.04%	0.04		280～290	0.3
钙	0.31%～1.07%	0.31～1.07			20

续表

项目	石文雷等(1997)(不包括饲料原料中的含量)	朱雅珠等(1997)/(毫克/千克)	刘汉超等(2014)	董娇娇(2014)/(毫克/千克)	水产行业标准(2004)/(克/千克)
铁	0.024%～0.048%	100	124.55～138.18毫克/千克		0.1
锌		20	155.86～161.25毫克/千克		20×10^{-3}
锰		20～50		125.0～125.2	50×10^{-3}
铜		5	25.17～26.65毫克/千克		5×10^{-3}
钴		1			0.1×10^{-3}
硒		0.12			0.12×10^{-3}
碘		0.6			0.6×10^{-3}
磷	0.38%～0.72%	0.38～0.72	12.98～13.18克/千克		
钾	0.41%～0.57%				
钠	0.14%～0.15%				

七、虹鳟对无机盐的营养需求

虹鳟对无机盐的需求量见表4-30。

表4-30 虹鳟对无机盐的需求量（占饲料含量）

项目	NRC(1993)	水产行业标准(1999)/(克/千克)
磷	0.7%～0.8%	
镁	0.06%～0.07%	0.6
锌	15～30毫克/千克	6×10^{-2}
锰	13毫克/千克	12×10^{-3}
铜	3毫克/千克	3×10^{-3}

续表

项目	NRC(1993)	水产行业标准(1999)/(克/千克)
钴	0.1 毫克/千克	12×10^{-3}
铁	1.5 毫克/千克	15×10^{-2}
钙	0.03%	
硒	0.15～0.25 毫克/千克	1×10^{-3}
碘	0.6～2.8 毫克/千克	8×10^{-4}
钠		2.2
钾		1.6
硫		3.0
氯		1.0

第五章

淡水鱼类配合饲料配方

第一节

淡水鱼类配合饲料配方的设计

一、配方设计的原则和依据

淡水鱼类由于其生存环境、生理机制等差异的影响，决定了其配合饲料设计与畜禽饲料的差别。主要表现在以下几个方面。

① 饲料一般需投入水中，且鱼类摄食的时间较长。为了减少饲料在水中的散失，需尽可能增加饲料在水中的稳定性，所以饲料中需添加黏合剂。

② 淡水鱼类消化系统的消化能力较弱，大多数鱼类没有胃，其肠道长与体长之比小于畜禽。并且由于其缺少牙齿，磨碎食物的能力有限。且肠道内酸碱度较为恒定，难以靠酸性或碱性环境消化食物，所以淡水鱼饲料原料的粉碎粒度要求高，应全部通过 40 目筛，60 目筛上物应小于 20%。

③ 淡水鱼类代谢强度低，从而对饲料的能量要求也低，所以饲料中能量物质的含量相对畜禽饲料低一些，并且如果摄食的饲料为高能量低蛋白，多余的能量物质将转化为脂肪，会使鱼体过度肥胖，影响食用价值，而且还会使鱼产生脂肪肝，严重时将导致鱼的死亡。

④ 水的光照强度弱于陆地，因此，水中的初级生产者相对于陆地的初级生产者来讲，具有高蛋白、低碳水化合物的特点。淡水鱼类长期以这些植物为食，也形成了高蛋白的特征，也使得其消化道中的淀粉酶活性低，糖类代谢所需的已糖激酶小于畜

禽，调节己糖代谢的胰岛素分泌很少，所以要求饲料中碳水化合物含量低。相对而言，淡水鱼类利用蛋白质的能力强于陆生动物，对其利用较为彻底。因此，淡水鱼饲料应具有高蛋白、低碳水化合物的特点。

⑤ 淡水鱼饲料中应添加适量的脂类。鱼类对脂肪的消化率较高，而蛋白饲料原料价格都比较昂贵，所以让鱼类消化脂肪来取得所需的能量可以节约蛋白质，从而降低生产成本。另外，脂肪酸对鱼类生长有重要的作用。饲料原料除鱼粉外，主要是陆上产品，这些原料中鱼类必需脂肪酸的含量较少，因此有必要另外添加相应的脂类，以满足它们对必需脂肪酸的需求。

⑥ 淡水鱼饲料要投入水中，水溶性维生素必然有一部分因溶解而损失；鱼类消化系统比较简单，消化道内微生物群落少，能合成的维生素少，主要靠从饲料中摄取，所以饲料中维生素的添加量应加大用量。同时，大多数维生素是消化酶的组成部分或辅酶或激活剂，添加后可增强相应的消化功能，以更好地提高对营养成分的消化吸收率。

⑦ 淡水鱼的皮肤、鳃及消化道都可以直接从水中吸收矿物盐，包括钙、锰等，所以饲料中的钙、磷比一般在（1∶1）～（1∶1.6）之间；另外，饲料中锌元素要有较大的含量。

⑧ 大多数的淡水鱼不能有效利用饲料中的结晶氨基酸，所以饲料中一般不添加结晶氨基酸，但可以添加包膜氨基酸或通过调整饲料配方来达到氨基酸的足量与平衡。

综上所述，在设计淡水鱼配合饲料配方时应注意它们自身特点及其生存环境所决定的淡水鱼类的营养需要，根据各种饲料原料的营养价值、现状及其价格等条件合理地确定各种原料的配合比例。其设计原则如下。

① 根据饲养淡水鱼类及其发育阶段对饲料营养物质的需要量设计配方。由于淡水鱼类种类、年龄、生产用途等的差异，对

各种营养物质的需求量也有所不同，因此应生产不同类型的配合饲料，以满足不同的需要。

② 根据淡水鱼类的生理特点设计配方。例如，淡水鱼类代谢强度低，对能量要求也较低，但对蛋白质要求量较大，所以其饲料中蛋白质含量要相对高一些。

③ 根据原料的来源与经济效益设计配方。水产养殖业中饲料费用往往占很大的比例，所以为了取得良好的经济效益，应因地因时制宜，就地取材，充分利用当地饲料资源，精打细算，尽量少用外地产的饲料原料，以降低饲料成本。

④ 要了解和掌握各种原料的特性和营养成分状况，以便使配方中的营养成分全面且平衡。

⑤ 设计配方时，考虑饲料营养指标的同时，必须注意饲料的其他质量问题，即饲料的卫生安全要求。

总之，在设计配合饲料配方时要遵循科学合理、经济实用，安全卫生的原则，对各个环节加以仔细地推敲，以设计出更好的配方。

设计淡水鱼类配合饲料配方时应有据可依。要选择适宜的饲料标准并根据所能提供的原料查阅适宜的饲料成分及营养价值，在此基础上结合实际情况设计出切实可行的饲料配方。

二、配方设计的方法

在淡水鱼配合饲料配方的设计中，基于淡水鱼类的特性，在设计时以所需蛋白质为基础，不考虑能量。

配合饲料配方设计的方法较多，可分为手工设计法和线性规划及计算机设计法两大类。手工法有作图法、方块法、十字法、连立方程式法等几种。下面以鲤成鱼饲料配方设计为例，介绍常用的两种设计方法——方块法和线性规划及计算机设计法。

1. 方块法

方块法又称多方形对角线法，可在一次配方中求出若干饲料原料的配比，用此法草拟配方时，简便、易学、灵活。

第一步，首先查出鲤成鱼饲料中含粗蛋白质为30%，并确定所用原料：鱼粉、豆饼、棉仁饼、玉米面、小麦麸以及鱼用复合维生素及矿物盐，再查饲料原料营养成分表（最好实际测定），得出所用原料的粗蛋白含量，即鱼粉含粗蛋白60.5%、豆饼含粗蛋白43.0%、棉仁饼含粗蛋白33.8%、玉米面含粗蛋白8.6%、小麦麸含粗蛋白14.4%、复合维生素及矿物盐0%。

第二步，将原料分为蛋白质饲料、能量饲料和饲料添加剂三大类。蛋白质饲料指在干物质中粗蛋白含量在20%以上、粗纤维在18%以下的一类饲料；能量饲料是指饲料的干物质中粗纤维含量少于18%、粗蛋白含量在20%以下的一类饲料。根据各原料的来源和价格规定出每一种原料在各类饲料中占的百分比，然后计算出各类饲料的蛋白质含量，并列出饲料添加剂占配合饲料的百分比。

饲料原料		规定比例×粗蛋白质含量	饲料原料占配合饲料百分比合计
蛋白质饲料	鱼粉	30%×60.5%=18.15%	46.41%
	豆饼	50%×43.0%=21.5%	
	棉仁饼	20%×33.8%=6.76%	
能量饲料	玉米面	40%×8.6%=3.44%	12.08%
	小麦麸	60%×14.4%=8.64%	
饲料添加剂	复合维生素	占饲料中的比例为0.2%	2.2%
	矿物质	占饲料中的比例为2.0%	

第三步，先计算出除了饲料添加剂外的配合饲料对蛋白质的实际需求量为30.67%，再画一方块图，将30.67写在中间，蛋

白质饲料和能量饲料的蛋白质分别写在方块图的左上角、左下角，顺着对角线方向大数减小数，其差写在相应的右下角、右上角，并计算出两大类饲料应占的百分比。

蛋白质实际要求量：30%÷(100－2.2)%＝30.67%

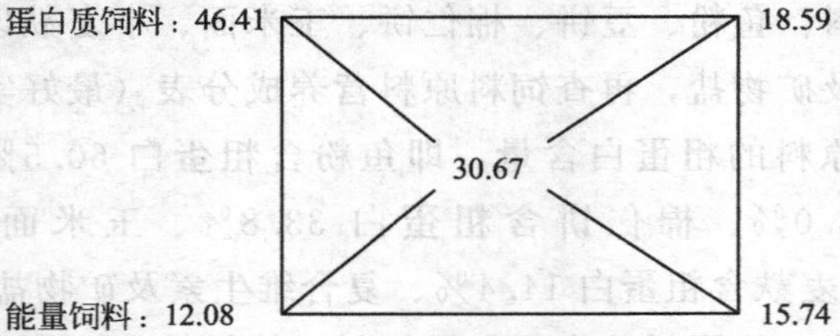

能量饲料占配合饲料的百分比：18.59÷(18.59＋15.74)＝54.15%

蛋白质饲料占配合饲料的百分比：15.74÷(18.59＋15.74)＝45.85%

第四步，分别计算出各种原料在饲料配方中所占的百分比，即得到鲤鱼成鱼的配合饲料配方。若需调整配方，应先调整各原料在该类饲料中规定占的百分比，然后按步骤重新进行设计，得出新的理想配方。

原料种类	计算配合饲料配方中的百分比
鱼粉	(100－2.2)%×54.15%×30%＝15.89%
豆饼	(100－2.2)%×54.15%×50%＝26.48%
棉仁饼	(100－2.2)%×54.15%×20%＝10.59%
玉米	(100－2.2)%×45.85%×40%＝17.94%
小麦麸	(100－2.2)%×45.85%×60%＝26.90%
复合维生素	0.2%
矿物盐预混料	2.0%
合计	100%

2. 线性规划及计算机设计法

线性规划是最简单、应用最为广泛的一种数学规划方法。为获得更为营养合理、成本最低的鱼类饲料配方，目前常采用线性规划法来设计。其原理是将养殖鱼类对营养的最适需要量和饲料原料的营养成分及价格作为已知条件，把满足鱼类营养需要量作为约束条件，再把饲料成本作为设计饲料配方的目标，用计算机进行运算。

现将线性规划法在鱼类饲料配方设计中的应用简单描述如下。

(1) 用线性规划法设计优化饲料配方必须具备的条件

① 掌握养殖鱼类的营养标准或饲料标准。

② 掌握各种饲料原料的营养成分含量和原料价格。

③ 来自某种饲料原料的营养素的含量与该原料的用量成正比。

④ 两种或两种以上的饲料原料配合时，营养素的含量是各种饲料原料中的营养素含量的和，这里即假设配方中各营养组分没有交叉作用效果。

(2) 线性规划法设计优化饲料配方的步骤

① 建立数学模型 建立数学模型就是把要解决的问题用数学语言描述出来，利用数学表达式表达。在建立数学模型时，必须考虑一些基本因素和参数。

a. 掌握养殖鱼类的营养标准或饲料标准或养殖鱼类的营养需要量。一般把对能量、粗蛋白质、粗脂肪、糖、粗灰分、无机盐、维生素、氨基酸等营养素的需要量作为饲料配方中的含量的约束条件。

b. 掌握所需饲料原料的品质、价格和营养成分，通过查表获得各原料的营养成分含量，必要或有条件时可以实测营养成分含量。有选择性地对一些原料的用量加以限制，如原料资源来源紧张的、加工工艺难度大及要求较高的、原料价格成本昂贵及含有高量营养拮抗物质的、含有毒素等的饲料原料均应该限量使用。将这些限量使用的原料用量（或用量范围）作为约束条件。

c. 确定目标函数。在满足养殖对象的营养需要的前提下，以达到饲料成本最低为目标。

将以上所述需考虑的各项因素、参数利用数学语言描述如下。

假设：X_1，X_2，…，X_n为各种饲料原料在配合饲料中的含量（添加剂也可视为一种饲料原料），其中 n 为饲料原料的个数（下同）。

a_{ij}（$i=1，2，…，m$；$j=1，2，…，n$）为各种饲料原料相应的营养成分及其含量或对某种饲料含量范围的限制系数，其中 m 为约束方程的个数（下同）。

b_1，b_2，…，b_m为配合饲料应满足的各项营养指标的常数项值。

c_1，c_2，…，c_n为每种饲料原料价格系数。

则线性规划法数学模型的一般形式为求一组解 X_1，X_2，…，X_n，使它满足约束条件：

$$\begin{cases} a_{11}X_1+a_{12}X_2+\cdots+a_{1n}X_n \geqslant b_1(\text{或}\leqslant b_1) \\ a_{21}X_1+a_{22}X_2+\cdots+a_{2n}X_n \geqslant b_2(\text{或}\leqslant b_2) \\ \vdots \quad \vdots \quad \vdots \quad \vdots \\ a_{m1}X_1+a_{m2}X_2+\cdots+a_{mn}X_n \geqslant b_m(\text{或}\leqslant b_m) \\ X_j \geqslant 0(j=1,2,\cdots,n) \end{cases}$$

并使目标函数 S(饲料成本)$=c_1X_1+c_2X_2+\cdots+c_nX_n=$ min(最小)

② 解数学公式，求出未知数 对数学模型求解是线性规划法的核心，手工求解极为复杂费时，并且容易出错，此时应采用计算机求解完成。即可使用高级计算机语言（如 BASIC、FOR-

TRAN 等）来编辑程序计算，也可以利用计算机中的 EXCEL 软件中的规划求解功能，还可以购买专用线性规划商业软件来设计饲料配方。

③ 研究求得的解，设计出具体的饲料配方　对计算结果进行检查，看是否满足了预定的设计目的，但在某些情况下可能并不能够完全满意。如可能会出现在模型中某一种廉价的饲料原料在设计时只进行了一端约束或没有约束条件，得出的配方中该原料的比例特别高，这与设计者的期望是不相符的，因为有可能这种原料的适口性并不好或含有高量的抗营养因子或毒素；另外一种可能出现的情形是某种饲料原料在配方中的比例可能是零，而设计者希望配方中含有这种饲料原料。这些情况都是由于设计者在建立数学模型时考虑不全面而造成的，只需要对模型进行简单的修改，对条件进行两端约束即可解决。

有时计算机给出的结果是“无解”，这也是线性规划法数学模型中存在的问题。如约束条件之间发生矛盾，各饲料原料的营养成分之和达不到营养指标的最低规定量等。此时应仔细检查数学模型，修改约束值，必要时更换饲料原料，重新运算求解。

在得到适合的配方方案后，将电子计算机输出的变量名称更换为相应的饲料原料名称（如 X_1 表示鱼粉、X_2 表示豆粕等），根据需要，可将所得各原料比例换算为每 100 千克或 1000 千克配合饲料的含量，即成为一个完整的饲料配方。

需要说明的是，上述线性规划法优化的饲料配方只从价格因素方面实现了最优化的配方，但从营养学和其他效益方面综合考量，其不一定是最优化配方。因为衡量一个配方的好坏最终要以养殖试验结果来综合评定，如饲料的适口性、原料之间和各种营养素之间的互作效应、不同原料在不同配合比例时的效果，这些因素很难以数学公式来表征。因此，线性规划法设计的饲料配方还需要根据实践检验进行调整。

第二节

淡水鱼类的饲料配方实例

一、鲤鱼饲料配方

(1) 豆饼 16%，花生饼 20%，棉仁饼 15%，鱼粉 15%，小麦粉 13%，麸皮 16%，苜蓿粉 3%，矿物盐预混料 2%，另加维生素预混料 0.2%。

(2) 豆饼 50%，鱼粉 15%，麸皮 15%，米糠 15%，抗生素下脚料 1%，黏合剂 2%，矿物盐预混料 2%，另加维生素预混料 0.2%。

(3) 豆饼 20%，酵母 10%，鱼粉 15%，棉仁饼 15%，小麦粉 10%，麸皮 28%，矿物盐预混料 2%，另加维生素预混料 0.2%。

(4) 鱼粉 25%，酵母 15%，豆饼 25%，棉仁饼 5%，小麦粉 15%，麸皮 13%，矿物盐预混料 2%，另加维生素预混料 0.2%。

(5) 鱼粉 40%，豆饼 30%，花生饼 5%，麸皮 18%，面粉 5%，矿物盐预混料 2%，另加维生素预混料 0.2%。

二、鲫鱼饲料配方

(1) 酪蛋白 41.5%，玉米淀粉 27%，微晶纤维素 13%，沸石粉 3%，氯化胆碱 0.11%，玉米油 5%，鱼油 5%，矿物盐预混料 5%，另加维生素预混料 0.39%。

（2）鱼粉12%，大豆粕20%，菜籽粕19%，面粉20%，棉籽粕16%，米糠5%，大豆油5%，磷酸二氢钙2%，矿物盐预混料1%，另加维生素预混料0.2%。

（3）鱼粉15%，棉粕18%，菜粕16%，豆粕9%，麦麸11.8%，米糠11%，玉米9%，血粉3%，磷酸二氢钙2.2%，菜油1%，豆油1%，沸石粉2%，维生素预混料0.5%，矿物盐预混料0.5%。

（4）酪蛋白41%，明胶2%，糊精6%，玉米淀粉15%，纤维素15.5%，沸石粉5%，鱼油5%，玉米胚芽油5%，维生素预混料0.5%，矿物盐预混料5%，另加胆碱0.11%。

三、草鱼饲料配方

（1）鱼粉5%，酵母15%，豆饼20%，棉仁饼20%，小麦麸10%，麸皮28%，矿物质2%，另加维生素预混料0.2%。

（2）米糠30%，麸皮38%，豆饼20%，鱼粉10%，酵母粉2%，另加青饲料。

（3）稻草粉21%，豆饼7%，鱼粉14%，菜籽饼6%，大麦粉16%，麸皮31.5%，植物油3%，矿物盐预混料1.5%，另加维生素预混料0.2%。

（4）鱼粉20%，酵母10%，豆饼30%，棉仁饼10%，小麦粉10%，麸皮18%，矿物质2%，另加维生素预混料0.2%。

（5）鱼粉18%，豆饼14%，菜籽饼12%，大麦16%，麸皮15.5%，稻草粉17.5%，植物油3%，矿物盐预混料4%，维生素预混料喷雾添加。

（6）鱼粉21%，豆饼16%，菜籽饼15%，大麦16%，麸皮25%，植物油3%，矿物盐预混料4%，维生素预混料喷雾添加。

四、青鱼饲料配方

(1) 鱼粉 12%，蚕蛹 8%，肉骨粉 1%，豆饼 15%，棉籽饼 10%，菜籽饼 20%，麸皮 10%，胚芽饼 10%，淀粉 8%，矿物盐预混料 6%，另外维生素预混料 0.2%。

(2) 鱼粉 35%，豆饼 47.5%，酵母粉 1%，大麦粉 15%，矿物盐预混料 1.5%，另加维生素预混料 0.2%。

(3) 鱼粉 24%，豆饼 22%，菜饼 15%，大麦 16%，麸皮 17.5%，植物油 3%，矿物盐预混料 1.5%，另加维生素预混料 0.2%。

(4) 豆饼 30%，菜籽饼 20%，鱼粉 30%，大麦 15.5%，植物油 3%，矿物盐预混料 1.5%，另加维生素预混料 0.2%。

(5) 鱼粉 24%，豆饼 22%，菜饼 15%，大麦 16%，麸皮 16%，植物油 3%，矿物盐预混料 4%，另加维生素预混料 0.2%。

(6) 豆饼粉 25%，鱼粉 4%，菜饼 24%，大麦粉 16%，麸皮 26.5%，植物油 3%，矿物盐预混料 1.5%，另加维生素预混料 0.2%。

五、罗非鱼饲料配方

(1) 鱼粉 10%，酵母 5%，豆饼 20%，棉仁饼 15%，小麦粉 10%，麸皮 38%，矿物盐预混料 1.5%，另加维生素预混料 0.2%。

(2) 豆粕 30%，鱼粉 5%，麸皮 40%，玉米粉 23.5%，矿物盐预混料 1.5%，另加维生素预混料 0.2%。

(3) 鱼粉 20%，酵母 10%，豆饼 15%，棉仁饼 10%，小麦粉 10%，麸皮 33%，矿物盐预混料 2%，另加维生素预混料 0.2%。

(4) 鱼粉 5%，血粉 2%，肉骨粉 3%，棉仁饼 20%，花生饼 20%，麸皮 38%，玉米 10%，矿物盐预混料 2%，另加促生长剂 0.5%，维生素预混料 0.2%。

(5) 鱼粉 8%，豆饼 5%，芝麻饼 35%，米糠 30%，玉米 8%，麸皮 12%，矿物盐预混料 2%，另加维生素预混料 0.2%。

六、团头鲂饲料配方

(1) 鱼粉 20%，酵母 10%，豆饼 25%，棉仁饼 10%，小麦粉 10%，麸皮 23%，矿物盐预混料 2%，另加维生素预混料 0.2%。

(2) 鱼粉 5%，酵母 15%，豆饼 20%，棉仁饼 20%，小麦粉 10%，麸皮 28%，矿物盐预混料 2%，另加维生素预混料 0.2%。

(3) 鱼粉 4%，血粉 2%，豆饼 6%，菜籽饼 15%，棉籽饼 20%，米糠饼 7%，玉米 8%，大麦 15%，玉米蛋白粉 8%，麸皮 6%，槐叶粉 5%，矿物盐预混料 4%，另加维生素预混料 0.2%。

(4) 鱼粉 4%，蚕蛹 4%，豆饼 10%，菜籽饼 22%，棉籽饼 10%，麸皮 22%，胚芽饼 12%，次粉 10%，磷酸氢钙 2%，矿物盐预混料 4%，另加维生素预混料 0.2%。

七、虹鳟饲料配方

(1) 鱼粉 27%，血粉 8.5%，肉粉 5%，羽毛粉 10%，小麦 34%，玉米面筋 12%，矿物盐预混料 2%，维生素预混料 1.5%。

(2) 秘鲁鱼粉 45%，虾头粉 8.5%，发酵血粉 5%，酵母 1%，豆饼 15%，麦麸 8%，玉米蛋白粉 10%，次粉 4%，矿物盐预混料 2%，维生素预混料 1.5%。

(3) 鱼粉 53%，肉骨粉 2%，大豆 5%，玉米蛋白粉 3%，啤酒酵母 2%，小麦粉 30.7%，氯化胆碱 0.3%，矿物盐预混料 1%，维生素预混料1%。

(4) 鱼粉 30%，肉骨粉 1%，血粉 2%，豆饼粉 23%，葵花籽饼 16.8%，小麦粉 10%，酵母 6%，藻粉 1%，脱脂奶粉 2%，植物油 6.2%，矿物盐预混料 1%，维生素预混料 1%。

(5) 鱼粉 63%，脱脂乳粉 2%，大豆粕 3%，啤酒酵母 3%，小麦粉 26.1%，氯化胆碱 0.4%，矿物盐预混料 1%，维生素预混料 1.5%。

八、黄颡鱼饲料配方

1. 鱼种饲料

(1) 鱼粉 30%，豆饼 15%，菜籽饼 15%，玉米 10%，麸皮 10%，次粉 10%，植物油 2%，矿物盐预混料 2%，维生素预混料 0.5%，复合氨基酸 5.5%。

(2) 鱼粉 40%，豆饼 35%，玉米面 7%，次粉 11.3%，腥味饵料 3%，鱼油 1%，磷酸二氢钙 1.5%，矿物盐预混料 1%，维生素预混料 0.2%。

(3) 鱼粉 39%，豆饼 39%，豆油 2%，纤维素 18%，维生素预混料 1%，矿物盐预混料 1%。

(4) 鱼粉 29%，肉骨粉 7%，菜粕 5%，豆粕 23.26%，面粉 28.5%，豆油 3%，面包酵母 3%，矿物盐预混料 0.5%，维生素预混料 0.5%，EQ（乙氧基喹啉）0.025%，BHT（2,6-二叔丁基对甲酚）0.02%，氯化胆碱 0.2%（沈志刚，2010）。

2. 成鱼饲料

鱼粉 24%，豆饼 20%，芝麻饼 14%，玉米 12%，麸皮 12%，次粉 10%，植物油 3%，矿物盐预混料 2%，维生素预混料 0.5%，复合氨基酸 2.5%。

九、鳗鱼饲料配方

1. 白仔鳗饲料（开口软饵）

（1）鱼粉72%，脱脂乳粉3%，活性小麦面筋粉10%，啤酒酵母2%，α-马铃薯淀粉4.8%，氯化胆碱（50%）0.5%，聚丙烯酸钠0.2%，藻酸钠0.2%，瓜胶1%，鱼肝粉2%，矿物盐预混料2.3%，维生素预混料2%。

（2）鱼粉71%，酪朊粉3%，活性小麦面筋粉6%，啤酒酵母2%，α-马铃薯淀粉9.5%，氯化胆碱（50%）0.5%，聚丙烯酸钠0.3%，藻酸钠0.4%，瓜胶1%，鱼肝粉2%，矿物盐预混料2.3%，维生素预混料2%。

（3）鱼粉70%，酪朊粉6%，活性小麦面筋粉8%，啤酒酵母3%，α-马铃薯淀粉5.8%，氯化胆碱（50%）0.5%，聚丙烯酸钠0.2%，藻酸钠0.2%，鱼肝粉2%，矿物盐预混料2.3%，维生素预混料2%（吴遵霖，1990）。

2. 黑子鳗饲料

（1）进口鱼粉68%，α-淀粉23%，啤酒酵母2.6%，膨化大豆2%，大豆磷酸酯0.8%，磷酸二氢钙0.8%，盐0.3%，氯化胆碱0.3%，复合维生素0.2%，鱼油1%，矿物盐预混料1%，维生素预混料0.2%（欧洲鳗鲡）（黄星，2007）。

（2）进口红鱼粉65%，α-淀粉23.9%，糊精6.5%，纤维素2%，其他2.6%（欧洲鳗鲡）（陈度煌，2010）。

3. 幼鳗饲料

（1）鱼粉70%，啤酒酵母4.1%，α-马铃薯淀粉22%，鱼肝粉2%，氯化胆碱（50%）0.3%，矿物盐预混料2.3%，维生素预混料1.3%。

（2）鱼粉65%，活性小麦面筋粉3%，啤酒酵母4.1%，α-马铃薯淀粉22%，氯化胆碱（50%）0.3%，矿物盐预混料

2.3%，维生素预混料 1.3%（吴遵霖，1990）。

4. 成鳗饲料

鱼粉 60%，小麦面筋粉 2%，α-淀粉 25%，膨化大豆 7%，酵母粉 3%，矿物盐预混料 2%，维生素预混料 1%（日本鳗鲡）（姚清华等，2013）。

十、斑点叉尾鮰

1. 鱼苗饲料

豆粕 48.55%，棉籽粕 10%，菜籽粕 10%，玉米蛋白粉 5%，次粉 20.8%，石粉 1%，鱼油 2%，氯化胆碱 0.3%，维生素 C 0.1%，维生素预混料 0.15%，矿物盐预混料 2%（杨雨虹等，2011）。

2. 鱼种饲料

（1）鱼粉 5%，大豆粕 20%，棉粕 15%，菜粕 15%，玉米 5%，麦麸 11.5%，次粉 20%，鱼油 4%，磷酸二氢钙 1%，食盐 0.5%，氯化胆碱 0.1%，乙氧基喹啉 0.05%，维生素 C 脂 0.05%，矿物盐预混料 2%，维生素预混料 0.8%（唐威，2010）。

（2）鱼粉 12%，豆粕 22%，菜籽粕 12%，花生粕 16%，棉籽粕 8%，米糠 3%，次粉 20%，磷酸二氢钙 2%，沸石粉 1%，食盐 0.5%，植物油 2%，矿物盐预混料 1%，维生素预混料 0.5%（仇明等，2010）。

（3）鱼粉 26%，蛋白粉 8%，豆粕 28%，菜粕 10%，酒糟 5%，次粉 13%，米糠 5%，膨润土 2%，矿物盐预混料 2%，维生素预混料 1%（丁德明，2005）。

3. 成鱼饲料

鱼粉 10%，蛋白粉 4%，豆粕 25%，菜粕 22%，酒糟 5%，次粉 17%，米糠 12%，膨润土 2%，矿物盐预混料 2%，维生素预混料 1%（丁德明，2005）。

第六章

淡水鱼类配合饲料的生产设备与配制技术

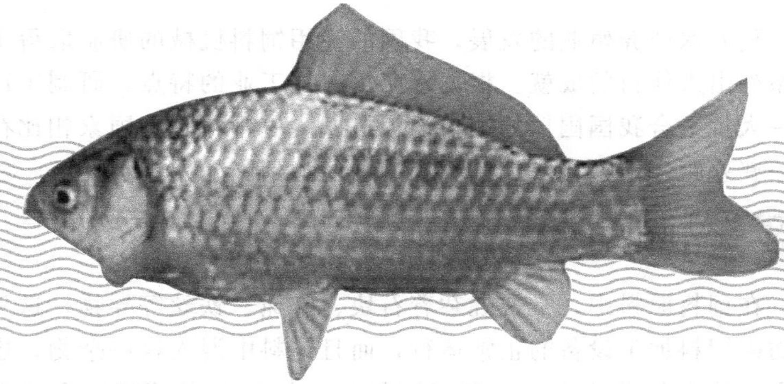

我国水产饲料工业的快速发展，对渔用饲料的要求也越来越高，对饲料的加工工艺设计也越来越专业化。只有提高渔用饲料机械的质量，增加产品品种，开发特种水产养殖用的饲料加工机械及饲料原料处理设备，才能保证水产养殖业的持续稳定发展，使中国的水产饲料加工技术水平赶上世界先进水平。

第一节 淡水鱼类配合饲料加工的主要设备

随着水产养殖业的发展，我国的渔用饲料机械的研制取得了一系列引人注目的成就。根据水产饲料加工业的特点，研制生产出一大批适合我国国情的饲料加工机械。尽管与发达国家相比存在一些差距，但也自成体系，有的已经达到国际先进水平。

一、清理筛与磁选机

在饲料原料中，常常混杂着石块、麻绳、铁丝等异物，这不仅妨碍饲料加工设备的正常运行，而且饲料中混入这些杂物，也会影响淡水鱼类的生长，所以饲料加工厂应配备清理筛和磁选机，以便除去原料中的杂物。

1. 振动式清理筛

振动筛由进料机构、筛体、吸风除尘机构、传动机构和清理机构五部分组成。振动筛用以分离饲料中的大小杂质、有较高的除杂质效果。

2. 圆筒初清筛

圆筒初清筛由清理刷、传动机构、机架及吸风口组成。该机结构简单、紧凑，维修和更换筛片方便，单位筛理面积产量大，清理效果好。

3. 永磁滚筒

永磁滚筒主要是用以清除饲料的铁器。由进料口、吸风口、出料口、铁杂出口、料流节门、滚筒、磁铁组、机壳、电机与传动部分组成。

此机构造简单，物料与磁铁不直接接触，使用寿命长，磁选效率高，磁感应强度约为 0.105 特斯拉。

二、粉碎设备

国内外饲料工业使用各种类型的粉碎设备，其中最多的是锤片粉碎机，也有爪式粉碎机、辊式粉碎机和其他特种粉碎机。

锤片粉碎机是通过锤片的高速旋转和撞击作用对物料进行粉碎的，产量高，适应性强，因而获得广泛的使用。锤片式粉碎机具有很好的通用性和较强的适应性，能加工含油脂较高的饼粕、含纤维素较多的果壳与秸秆、含蛋白较高的柔韧性原料、含水量较高的谷物等多种原料，而且该机型结构简单，便于维修。转子部件因是用销轴铰接，故粉碎室内偶尔混入金属异物也不易发生重大事故，比其他机型的粉碎安全，生产效率较高。

锤片式粉碎机一般由进料斗、转子、锤片齿板和筛片等主要零部件组成。

辊式粉碎机与粮食加工厂的磨粉机相似，多由一对齿辊和一对光辊组成，在对辊快慢转速差的作用下通过挤压力和剪切力，完成粉碎。能耗低、噪声小，因此不断受到重视。但结构复杂适应不强，因而使用范围受到一定限制。国外有些饲料厂用辊式粉碎机加工玉米、大麦等主原料，用锤片粉碎机加工麸皮、饼粕等副原料，也有的在二次粉碎工艺中先用一道辊式粉碎机，再用一道锤片式粉碎机。

特种粉碎机有齿式粉碎机、柱式粉碎机、爪式粉碎机等不同类型，以粉碎骨粉、肉骨粉、鱼粉及含糖蜜、油脂的胶体物料。

三、配料计量设备

配料计量设备是饲料厂中的关键设备，应具有很好的准确性、灵敏性和稳定性。配料计量装置按其工作原理可分为容积式计量和重量式计量，按其计量过程可分为连续式和分批式。淡水鱼类饲料厂多采用重量式分批称重计量设备，一般包括给料机和配料秤两大部分。

1. 给料机

配料所用的给料器主要有振动式、螺旋式、叶轮式、电-气动滑门式等几种。

(1) 振动给料器　我国振动给料器多为振动槽式，一般采用悬挂方式安装在配料仓底卸料口。给料过程是利用电磁振动器驱动料槽沿倾斜方向作周期往复振动，当振动加速并垂直分量大于重力加速度时，物料颗粒连续抽起，并按抛物线轨迹向前跳跃。由于槽体振动频率高、振幅小，所以物料抛起高度较小，只能看见物料在槽中流动。

(2) 电-气动滑门式给料器　我国常用的电-气动滑门式给料器多是单孔闸门。滑动闸板在导向滑槽内滑动，由气缸拖动，也有的用电动推杆，控制闸门开启度的大小。

(3) 叶轮给料器　北京某公司研制的 WLY-40 型叶轮给料器，具有结构简单、轻巧、便于悬挂安装、运行平稳、噪声低、动力消耗小、对物料品种适应性强等优点。

该机采用轴向自由与强制相结合的进料方式，出料为轴向自由落料方式，出料通畅，不易堵塞。进料板能随时刮走隔板上的积料，又可防止物料在仓口结拱。隔板是为了避免进出口直接贯通，以保证料流的稳定和停机时自动切断料流。

2. 配料秤

重量式配料秤是配合饲料厂的重要设备，它可将各种原料按照饲料配方所规定的比例称重计量，配合成一种未经混合均匀的配合料。

根据定值点的多少，这种秤可分为“单点定值一次称量秤”和“多点定值累积称量秤”两种。

根据对物料重量的传感方式，又可分为“机械杠杆配料秤”、“电子传感秤”及“机械杠杆传导电气显示秤”等。

(1) 机械杠杆配料秤　改装后的配料磅秤、字盘秤等都是机械杠杆配料秤，其结构特点是结构简单、操作方便，适于在小型饲料厂人工配料用。

(2) 机械杠杆传导电气显示秤　此秤是利用杠杆原理，结合一定的电路系统而装备起来的。能够自动完成进料、称重和卸料等程序，电感头自动秤就属于这种类型。

(3) 光学自动秤　此秤是利用光学原理显示重量的秤，它是将机械量转换成线性的光刻度，经过放大，折射后显示出重量值。这种形式的自动秤结构简单，工作可靠，使用寿命长，可用于配合饲料厂中微量成分的计量。

(4) 电子传感秤　这是由一定数量的电阻式测力传感器和晶体管电位差计构成的自动称量显示系统。它可附加给定值输出信号，实现自动控制。电子秤可用于大型配合饲料厂和预混合饲料厂的配料系统。

目前电子配料秤的最大称量为0.5吨、1吨、2吨、3吨、5吨等几种，它的最小称量是最大称量值的十分之一，传感器的精度为万分之五，秤的动态误差为±0.1%，综合误差为±(0.1%～0.5%)。

四、饲料混合设备

混合机是配合饲料生产的关键设备。它利用机械作用，将根据配方称量的几种物料混合均匀。在配合饲料厂中，混合机的生产效率是决定工厂生产规模的关键设备之一。

混合机的种类很多，但主要是卧式和立式两种。卧式螺旋叶带批次混合机，在国内外应用较广泛，其优点是混合时间短，混合均匀度高，排料迅速，便于维修和清理，动力消耗低。其他类型的混合机根据不同的需要也得到不同的使用。

1. 卧式螺带混合机

卧式螺带混合机由机体、螺带轴、出料装置、回风管和传动部分所组成。

混合时间和充满系数是影响混合机均匀度的两个重要因素，小于或大于最佳混合时间都将不利于提高物料的最佳均匀度。

同样，混合机的充满系数也不宜过高或过低。一般认为，混合机装料最低不低于主轴以上 10 厘米，最高不超过外螺带的内径，这样的充满系数可获得最佳混合均匀度。

2. 立式混合机

立式混合机主要由接料斗、垂直螺旋、垂直螺旋套管、机壳、出料口、支架与电机、传动机构等部分组成，混合机的锥形部分母线与水平夹角大于60°。若外圆筒直径为 D，则包括锥体在内的圆筒高度 $H=(2\sim5)D$。

五、制粒设备

目前颗粒加工机械主要有三种类型，即软颗粒压制机、硬颗粒压制机和浮性颗粒膨化机。

1. 软颗粒压制机

软颗粒饲料压制机是将粉状饲料加水搅拌后，经螺旋推进或压模与压辊挤压、叶轮与环模挤压形成。然后切段、吹风干燥。此设备主要用于含水分较高的（30%以上）软的塑性团状原料或黏稠的流动性原料。

我国生产的软颗粒压制机，主要是螺旋推进式，通过模头和切段装置成形。

为了提高软颗粒饵料的营养价值和抗水稳定性，在压制前的混合工程中可添加糖蜜、油脂、矿物盐、维生素等多种添加剂。

2. 硬颗粒压制机

硬颗粒压制机已在我国水产饲料行业广泛应用，主要有两种机型，即环模式和平模式，这两种机型的主要工作部件基本类似，有螺旋给料器、搅拌器、压粒器、电机和传导机构。所不同的是，前者的压粒器是环状旋转的环模，后者是固定不动的平面形状的压模。

螺旋给料器是用来调节和控制入料数量的，其螺旋是变直径或变节距螺旋，正常转速为 100 转/分。为满足生产不同规格产品的需要，给料器多数采用无级变速传动，在入料口则设有永磁吸铁装置。

搅拌器又叫调质器。由给料器输入的物料，在此通过旋转桨叶的搅动与蒸汽调制均匀，而成为可以压粒的糊化物。

压粒器包括环模（或平模）、压模、分配器和切刀四部分。压辊要有足够的承载能力，还要有适当的粗糙面，以防打滑。目前的压辊有四种基本型：碳化钨辊面、粒丝辊面、带凹穴的辊面、槽形辊面。

电机传动装置常用形式为齿轮副传动或三角带传动。

3. 浮性颗粒膨化机

膨化机是 20 世纪 70 年代发展起来的新型饲料加工设备，主要用于加工水产动物、观赏动物和试验动物的饲料。膨化制粒和其他饲料加工方法相比，除了具有颗粒饲料的特点以外，还有以下优点：①原料经过膨化过程中的高温、高压处理，使其中的淀粉糊化，蛋白质变性，利于消化吸收，提高了饲料的消化率和利用率；②原料经过高温膨化后可杀灭多种细菌，预防饲喂动物时发生消化道疾病；③加工后的膨化颗粒饲料能漂浮于水面，便于鱼类觅食，减少饲料损失，避免水质污染；④加工出的膨化颗粒饲料含水量少，可以较长时间储存，也便于运输。其缺点有：①对部分维生素（如维生素C）有破坏作用，故一般在饲料膨化成型后再添加维生素；②与其他制粒方法相比，膨化制粒的饲料成品耗电量高，每吨颗粒耗电约50度。

膨化颗粒机的工作原理是：含有一定量淀粉比例（20%以上）的粉状原料由螺旋供料器均匀地送进调质室，在调质室内加蒸汽或水，经搅拌、捏合，粉料水分升高到18%～27%，温度升高到70～98℃，调质好的物料进入螺旋挤压器和机筒组成的造粒腔内。由于挤压腔空间逐渐变小，使物料受到的挤压作用逐渐加大，在一定压缩比（一般为4～10）的螺旋的强烈挤压下，物料与机筒壁，螺杆与物料以及物料与物料之间的摩擦力越来越大（有的还要利用蒸汽或电加热），使腔内物料处于高温、高压（温度可达120～170℃，压力可达30～100千克力/厘米^2）下，物料中的淀粉发生糊化。当物料被很大压力挤出模孔时，由于突然离开机体而进入大气，温度和压力骤降，在温差压差的作用下，饲料体积迅速膨胀，水分迅速蒸发，物料脱水凝固再由切料刀切成短料，成为浮性颗粒膨化饲料。

六、配套设备

1. 冷却器

颗粒饲料冷却器有立式和卧式两类，主要用于硬颗粒饲料、压片饲料的冷却、干燥，以利于储存和运输。当饲料工厂的平面面积有限时，宜采用立式冷却器，而当其楼层或建筑高度有限时，则应采用卧式冷却器。

立式冷却器适合于小粒径颗粒，结构简单，维修费用少，动力消耗低。

颗粒进入冷却器顶部料斗后，经分料装置进入冷却器两侧的两个冷却室；待料装满后，顶部的控制板使卸料控制机构动作一次，将颗粒卸出。整个过程中，高速气流使其得以冷却和干燥。

卧式冷却器适用于易碎颗粒或块状颗粒。物料借助于连续移动式的链板输送，从进口端水平地输送到另一端，在输送过程中均匀地分布在整个链板上。冷空气垂直穿过物料层，使物料冷却脱水。一般有单层式和双层式两种。

2. 碎粒机

制造小颗粒饲料时，为节约电力，通常用对辊式碎粒机，将经过冷却的颗粒破碎成许多大小不等的颗粒或粗屑。对小鱼、小虾来说，粗屑的营养组分和物理特性要比粉料更符合需要，同时比专门制作小颗粒也容易得多。

经过破碎的颗粒，一般75%～90%是符合需要的合格品，其余10%～25%为粉末，需要返回制粒机重新进行压制。

3. 颗粒分级筛

分级筛是将制粒机压制出来的颗粒或经破碎的颗粒通过筛理分级的方法，提取合格的颗粒饲料产品，把不合格的大小颗粒或粉末筛分出来，送回制粒机重新进行压粒。

颗粒分级筛一般多为振动筛，有的饲料厂也采用气流筛和各种回转筛。

我国现有主要颗粒分级筛一层筛面两个出料口，筛上物即为合格产品，由粒料出口排出，筛下物为不合格的小颗粒和粗粉，由粉料出口排出。

4. 油脂喷涂设备

为使淡水鱼类的配合饲料添加更多的油脂，可用油脂喷涂机将油直接向颗粒饵料喷涂。

美国海斯·斯托兹公司的立筒式油脂喷涂机，颗粒饵料由料斗经喂料器送入立筒喷射室，通过两排水平喷嘴喷涂油脂，然后经过机热室加热，并在螺旋输送机中慢慢移动，使油脂更加均匀地涂在颗粒的表面上。

英国西蒙·巴朗公司的油脂喷涂机，颗粒饵料由料斗经振动喂料器进入喷射筒中，喷射筒中装有分料圆盘和喷嘴。当颗粒饵料沿圆盘周边下落时，处于中心位置的喷嘴将油脂喷向四周，经喷涂后的颗粒饵料由螺旋输送机送到出料口。

5. 膨化机

膨化颗粒饲料压制机是一种新型颗粒饲料加工设备。膨化饲料可促进淡水鱼类对饲料的消化吸收，提高饲料转化率。

膨化机由进料斗、膨化造粒室、切料机构、远红外加电热自动控制装置，减速机及机架组成。

造粒室由螺杆、套筒、模头（即膨化头）组成。螺杆的螺距由小变大，螺纹深度由深变浅，而外径不变。螺杆第一段称进料段，主要起输送作用；中间段为压缩段，物料在此被压缩，升温；第三段为膨化段，此处的物料压缩比增大，已从面团状变成黏流状，到出口（即膨化头）处被挤压冲出而膨化。

6. 喂料机

喂料机是将各配料仓的物料均匀送到料秤进行计量的设备。目前配合饲料厂常用的喂料机有螺旋喂料机和叶轮式喂料机两种。

螺旋喂料机由螺旋体、机壳、进料口、出料口和传动机构等部分组成。

叶轮式喂料机主要用于由配料仓出口近距离（0.5 米左右）向配料秤均匀送料的设备，它由刮板、叶轮、机壳、进料口、出料口和直联电机组成。

7. 粉状定量自动秤与打包缝口机

粉状定量自动秤与打包缝口机是粉状配合饲料成品定量包装的关键设备。

粉状定量自动秤主要部件有存料斗、喂料绞龙、减速器、配电箱、称斗、机架、砝码、横梁。打包缝口机的主要部件是长橡胶输送带、短橡胶输送带、缝包装置、夹袋等装置。

8. 分配盘

分配盘是借助于斗式提升机等垂直提料设备，把物料经由导向料管自动流入预定仓位的一种设备。

分配盘主要由外罩、定位机构、传动轴、异向料管、操作门、永磁铁、千簧管限位机、构步进电机、变速齿轮、电子控制箱等组成。

第二节

配合饲料配制的主要工序

饲料加工工艺，是研究对植物性饲料（谷物、饼粕、糠麸、豆类、薯类、牧草、秸秆、糟渣等）、动物性饲料（血、肉、骨、毛、羽、虫、蛹、鱼、虾、下脚料）及各种矿物质、维生素添加剂的加工、处理方法的科学。在这个科学理论的指导下，可以兴建配合饲料加工厂、预混料饲料厂、浓缩饲料厂、预混合原料前处理厂。这些厂的产品品种虽然不同，加工设备各异，但它们的工作原理、加工工序都有很多相似之处，如清理、干燥、配料、包装等，在这些厂型中都是必不可少的工序。

一、原料清理

饲料原料同其他粮食一样，在收割、储藏运输和加工过程中难免会混入绳索、布片、石块、金属等杂物，会对饲料加工机械、产品质量产生不良影响，因此必须清除。

常用的初清设备有振动筛、鼠笼式初清筛、圆锥式初清筛、圆筒式初清筛等。按照选用设备要求机构简单、耗电量少、粉尘少、噪声小、便于密闭等原则，饲料厂以选用圆筒筛较合适。

清理工作一般在原料进仓前进行较为适宜。另外，为了防止在加工过程中提升机、刮板机等设备内的螺栓、螺母等零件脱落入物料中，造成运转事故或影响产品质量，还应在粉碎机、压片机、制粒机和包装机等设备的进口处增设磁选设备。磁选设备有永磁滚筒、永磁筒和悬浮或电磁分离器等，其中以不用动力的永磁筒为好。

二、粉碎

粉碎是饲料厂加工工艺中最基本的工序。主粉碎机的小时生产能力应接近饲料厂的小时产量，它也是饲料厂内主要噪声源之一。所以，在工艺设计、房屋结构、设备选择、动力配备、消音除尘等方面都应着重考虑。

根据饲料厂的规模及粉碎的原料品种，可选择相应的粉碎机型。粉碎谷物原料，宜选用大包角的锤片粉碎机；粉碎粗纤维含量较高的原料，宜用齿板和孔板兼顾的粉碎机；饼粕原料宜用滚刀式碎饼机粉碎；矿物盐原料宜选用带有风送排料系统的无筛微粉碎机、万能微粉机或球磨机。

为防止机器转动对厂房结构的影响和便于设置隔音操作间，粉碎机设在一楼或地下室最为适合。为了简化工艺流程，减少中间输送设备，将粉碎机直接设在料仓之下也是很可取的方案。

为了降低机器的噪声和减少动力消耗，对粮食等植物原料的粉碎，一般多采用粉碎机→机械输送→辅助吸风的工艺。

在先配料后粉碎的饲料厂中，粉碎工艺多采用筛→粉碎机→筛→粉碎机→机械输送的两次粉碎方法。

三、配料

配料是饲料加工过程中的关键工序，即按照饲料配方的要求，定量地给出饲料中各种组分。配料直接关系到产品质量的好坏。如果控制不好，将对饲料质量造成不可挽回的影响。

随着饲料工业的不断发展，原料种类不断增加，配料技术与设备有了很大的变化和提高，电子计算机控制的全自动化配料技术和设备已开始推广应用。

容积式配料一般是连续式的配料，即在一定的时间内通过一定容积的物料。因物料物理性状的影响，容积式配料的精度较差，一般只能控制在2%左右，远远不能满足淡水鱼类饲料配料精度的要求；称重式配料多是批次配料，在每一批的配料过程中，各种物料经称重计量后，参与配料，称重式配料误差控制在1%左右，便于实现自动化程序控制、检测、显示和记录。

目前，对于一些中、小型饲料厂，既要注意保证饲料的质量，又要考虑到技术实施的可能性。可以采用重量式配料，以电动机械秤或专用定值配料秤为主，微量添加剂部分用人工称重为辅的配料方式较为适宜。

配料工序的主要组成部分是配料仓、喂料机、配料秤和集料斗。

四、混合

混合是将配好的各种物料搅拌均匀，是确保淡水鱼类饲料质量的重要生产环节。混合过程有三个重要混合原理：扩散、对流和剪切。

扩散是饲料各种原料组分的粉粒有规律地向各个方向移动；对流是许多成群的粉粒向四面八方流动时的相对运动；剪切是在相对滑动平面内粒子间的相互切入。

饲料混合均匀度是饲料混合质量的一个指标，这是一个相对的概念。在测定时，往往从混合物的各个部位，按一定的规律提取若干试样，然后分别测定这些试样中某一些成分或预加入的示踪物含量的差异；用概率统计法加以整理，以此代表其他各种成分的混合均匀程度。

影响混合均匀度的因素很多，但主要有以下几个方面。

① 与各种物料的颗粒大小有关。粒度小而且均匀的，混合均匀度亦好。

② 与各种物料的水分、流动性等物理性状有关。水分低、流动性大，混合均匀度亦好。

③ 与使用的混合机有关。混合机如以对流混合为主，兼有扩散和剪切作用混合的，混合均匀度就比较高。

④ 与物料在混合机内的充满系数有关。充满系数过高或过低，都将影响混合均匀度。卧式批次混合机，充满系数一般在0.7左右。

⑤ 与混合时间有关。在混合过程中，混合的均匀度最初随着混合时间的增加而增加，但到了一定的时间，由于饲料中各组分的密度、粒度不同，混合品质开始出现波动，产生分层。因此，应在混合的最佳时间将混合料排出，以免造成浪费。

五、制粒

制粒工序是将混合好的粉料，经过挤压或其他分法加工成颗粒。工序有三种主要类型：软颗粒加工、硬颗粒加工和浮性颗粒加工。

颗粒制成后，还要进行冷却、干燥、筛分和油脂喷涂，有时还要破碎成小碎粒，以满足不同大小淡水鱼类饲喂的要求。

目前水产养殖品种繁多，水产饲料的挤压技术是一个很广泛的题目。鳗鱼、虹鳟、大马哈鱼、鲶鱼、鲤鱼、罗非鱼、遮目鱼、黄尾鲷等的饲料都可以采用挤压法生产。

硬颗粒的干法加工，粉料在调质室内与喷入的蒸汽混合，然后进入制粒机。干热的蒸汽温度为140～150℃，压力为4千克力/厘米^{2}左右。

软颗粒的湿法加工，过去采用的是螺旋挤压式制粒机。粉料加水搅拌后，借螺旋推进和挤压作用成型。此法电耗大、效率低，已被淘汰。目前，已采用平模制粒机或者环模机进行生产。

浮性颗粒饵料的加工，亦称膨化。此法是将各种不同配方的粉状饵料调湿搅拌后，送入膨化机内，经加热，在机内螺杆的挤压下，使混合饲料机内处于高温、高压状态。当物料从模孔中冲出进入大气空间时，温度和压力骤然下降，在温差和压力差的剧烈作用下，饲料中所含的水分迅速蒸发，物料体积快速膨胀，密度减轻，故易于浮在水面上。

膨化后的饲料有许多优点：淀粉糊化，蛋白质组织化，在水中稳定性好，不下沉，不分散，不变形，可以减少饵料损失，改善水质。经强化冷却、干燥后的膨化饵料水分低，一般为6%～8%，能比较长期安全地储存。

膨化饲料的生产可采取两种工艺，一种是粉料经膨化并切成颗粒后，进行冷却、干燥，再用喷涂机喷涂油脂成为成品；另一种是粉碎经膨化并切成颗粒后再进行破碎，破粒经压片或筛选分级即为成品。

六、冷却与干燥

从制粒机出来的颗粒饲料水分含量较大，温度较高，容易变形和破碎。因此，应马上进行冷却、干燥处理。一般情况下，冷却器紧装在制粒机的下面。

颗粒饵料从颗粒机出料口排出时的温度一般在80℃左右，水分15%左右，散热和脱水是同时进行的。颗粒温度每降低11℃，颗粒水分就降低1%。经冷却后，颗粒质地变硬，不易破碎，易于保管、运输和饲喂。

对于含水量较高的饲料，建议使用卧式蒸汽烘干冷却器。软颗粒料在卧式烘干机冷却器的传送带上运输不像在立式冷却器那样受到挤压。在单层结构设备中，颗粒从一端进入，沿着承料板移动并在一端卸出；在双层结构设备中，颗粒从上层输送器落到下层输送器，然后在烘干机冷却器的进口一侧卸出，热风或冷却风从底部引入，并穿过移动的料床垂直向上流动。对于卧式烘干机或冷却器，始终保持颗粒层厚度的均匀十分重要。由于卧式烘干机或冷却器结构较复杂，因此它比立式冷却器的维护费用高。

七、破碎

为了满足不同生长阶段的淡水鱼类生长的需要，有时需要将颗粒进行破碎。高质量地冷却良好的颗粒是生产优质破碎颗粒必不可少的先决条件。小的颗粒（直径为2.2～2.5毫米）较容易获得，而且不会产生很多的粉末。在生产某一些粒度的破碎颗粒时，必须考虑控制好破碎过程，使其产生的粉末量最少。破碎机的生产能力取决于设定的轧距，其值通常为颗粒直径的2/3。

八、筛分

冷却之后，整颗粒或破碎颗粒经筛分除去粉末和过大颗粒。过大颗粒被送回破碎系统，而粉末可送回制粒机。建议返回的粉末和过大颗粒不要超过5%。这些粉末和过大颗粒已经加工，这些加工通常是不可逆的，特别是一些黏合剂。循环加工的饲料比例增加会使后来的颗粒在水中稳定性降低。如果产生的粉末和过大颗粒超过5%，则表明制粒过程有问题。对于颗粒饲料来说，分级筛最好有两层适当筛网。

九、包装

包装工序开始于包装机上方的供料仓，结束于袋装饲料入库。包括每袋饲料的称重，装入袋中、封袋口、贴标签、编码、码垛和将袋装饲料运送到仓库储存。

包装袋的品种很多，具体用哪种袋包装，因包装设备、饲料品种而异。包装袋的品种有自封袋、开口袋、缝制式开口袋、热压封口袋、双折褶封口袋等。

现有的各种各样的包装设备可用于满足各种饲料厂的特殊要求。装袋生产线可以是一个简单的手动系统，一个人进行装袋和封口作业，也可以是高速全自动包装线以微处理机控制。一个精心设计的包装线应满足现代化的包装要求，并留有将来发展的余地，以便满足袋装产品增长的要求。

所有开口袋充填作业的基础是称重系统（即打包）。它是决定整条包装线的“砌块”。所以必须仔细选择称重系统，以满足当前生产及未来发展的需要。

称重系统分毛重称重系统和净重称重系统。在毛重称重系统中，称重装置由供料斗支承，物料直接进入袋中，夹住袋子的出料斜槽由称重结构支承，操作者将空袋放到斜槽上，并把它夹住，便开始称重循环，物料从供料斗直接流进包装袋，物料和袋一起被称重，因而带有袋的皮重。

净重称重系统的特点是在称重系统上悬挂一个内部称重料斗，物料从供料仓中计量进入称重斗，包装袋夹持装置即由料斗支撑。

采用净重称重系统的包装速度较快。为获得最佳的循环速度的精度，可将两台净重称双联排列连接在一起使用。

在一些小型饲料生产厂采用手工包装。根据需要的速度，可用一人或两人操作，进行持袋和封口作业。封口一般用普通缝袋机，当然也有些饲料在用胶带封口后面缝一遍，以增加强度并改善袋的外观。缝纫系统有不少附属装置，如自动开停、剪线、加饲料分析标签，可用来协助操作人员工作。

包装机的操作人员是最后看到产品的人，因此，工作人员应完成下列质量检查项目。

① 待包装饲料来自正确的料仓。

② 使用正确的包装袋和标签。

③ 饲料未被交叉污染。

④ 按质量管理过程和要求对饲料采样。

⑤ 袋重应在容样范围之内。

⑥ 袋口缝纫走线应直。

⑦ 袋应干净。

⑧ 每袋上的编码应正确合法。

⑨ 正确验明脏污和垃圾。

⑩ 正确完成包装机报告。

十、储藏

饲料生产出来以后到投喂淡水鱼类，通常需要保存一段时间。保存不当会使水产饲料营养损失或变质而产生有毒物质，轻则影响水生动物的生长，引起淡水鱼类疾病，重则造成淡水鱼类大批死亡，因此，应引起足够的重视（具体的储藏方法参见本书第七章第二节）。

第三节

淡水鱼类饲料的加工工艺

与加工畜、禽饲料相比，淡水鱼配合饲料对加工的条件要求比较高，主要原因如下。

① 淡水鱼类生活在水中，饲料投入后要具有良好的水中稳定性，以防止很快溃散、溶解和流失。

② 淡水鱼类消化道较短，消化能力低，原料粉碎的粒度直接影响其消化率，所以原料粉碎的粒度要细，以便在饲料加工后容易消化吸收。

③ 不同生活习性的淡水鱼类或淡水鱼类在不同生长阶段，要求饲料的形态也不同。因此，在加工生产过程中要选用合适的加工机，采用合理的加工工艺，以保证饲料质量。

水产饲料的加工工艺步骤主要包括原料接收、输送、清理和储存、粉碎、配料、混合、制粒和成品包装或散料发放出厂等。

根据饲料加工工艺的不同，配合饲料可以分为粉状饲料、颗粒饲料（又分软颗粒饲料、硬颗粒饲料和膨化饲料）、微粒饲料、破碎饲料和片状饲料，而根据淡水鱼类的生长特点摄食习性，其适宜的配合饲料类型为微粒饲料、硬颗粒饲料和膨化饲料。

1. 微粒饲料与天然饵料相比具有以下优点

① 可根据实际需要，制作不同粒径大小的饲料。

② 营养价值丰富，满足苗种的营养需求，可完全或全部代替天然饵料。

③ 水中稳定性好，饲料易消化吸收。

④ 减少以后从天然饵料到颗粒饲料的过渡期。

⑤ 便于包装、储存、运输。

2. 颗粒饲料与粉状饲料相比具有以下优点

① 颗粒整齐、均一，便于储藏、包装，易于运输。

② 营养全面，可减少饲料损失并避免挑食。

③ 经制粒高温，有害菌数量大大降低。

④ 制粒过程淀粉糊化、粗纤维素减少，有助于淡水鱼类消化吸收，饲料利用率高。

3. 膨化饲料与颗粒饲料相比具有以下优点

① 膨化过程淀粉糊化率高、蛋白质分层，适口性更好，饲料利用率更高。

② 饲料原料经高温、膨化，有害菌进一步减少。

③ 淀粉糊化率高，饲料黏性强，水中溶失率低，环境污染小。

④ 膨化饲料含水率低，一般 6%～9%，便于长期储存。

一、硬颗粒饲料的加工工艺

1. 微粒饲料

目前，人工微粒饲料按其性状和制作方法的不同，可分为微胶囊饲料、微黏合饲料、微包膜饲料三种类型。微胶囊饲料是将溶液、胶体、膏状或固体的原料包裹在覆膜内，其内部饲料原料不含黏合剂，主要依靠覆膜维持成型并保持在水中的稳定性；微黏合饲料的各种原料由黏合剂黏合，饲料形状及在水中稳定性靠黏合剂维持；微包膜饲料是用被覆材料将饲料原料包裹起来，使其在水中呈稳定状态。

微粒饲料适宜鱼苗种开口饲料，是将原料加以微粉碎，然后按配方要求进行配制，充分混合均匀之后再加稀释的黏合剂，充分搅拌，使之均匀，经固化、干燥、微粉化制成。这种加工方法和设备较为简单，投资也少，主要利用黏合剂的黏合作用保持饲料的形状和在水中的稳定性。

与微黏合饲料和微膜饲料相比，微胶囊饲料具有更好的水中稳定性，因此成为现在微粒饲料研究的主流。下面对微胶囊饲料的种类和制作工艺作简要介绍。

微胶囊饲料的直径介于1～1000微米，小于1微米的为纳米胶囊，其中包裹在内部的物质为芯材，主要有鱼粉、虾粉、蛋白质、矿物质、维生素、不饱和脂肪酸、鸡蛋、酵母等。外部的包裹材料为壳材，主要原料有明胶、海藻酸钠、琼脂等水溶性胶类及聚异戊二烯、聚乙醇烯、环氧树脂、聚酰胺等高分子合成材料。

微胶囊饲料加工工艺方法较多，主要有三大类：化学法、物理化学法和物理法，适用于水产饲料的方法有化学法中的界面聚合法、物理化学法中的复凝聚法、物理法中的喷雾法。

(1) 界面聚合法原理及工艺流程　其原理为将芯材乳化或分散在呈有壳材的连续相中，壳材在芯材表面进行单体聚合反应，从而实现饲料的微胶囊化。

利用界面聚合法可以使疏水材料或亲水材料的溶液或分散液微胶囊化。例如，A溶于有机溶剂中（有机溶剂不溶于水），称为油相，将含A的油相分散到水中，使之成为很小的油滴，再把可溶于水的B加入到含有A油滴的水中，搅拌水溶液，此时油相和水相界面便发生B的聚合反应，形成水（B）包油（A）的微胶囊。反之可以得到油包水的微胶囊。该反应的连续相与分散相都必须提供活性单体，且一类为油溶性单体，一类为水溶性单体，聚合反应发生于两相之间的界面，因此成为界面聚合法。其中，常用的油溶性单体有乙二酰氯、琥珀酰氯、邻苯二甲酰氯、对酰氯等，水溶性单体有二元胺、多元胺、二元醇、多元醇、二元酚、多元酚。

此方法反应速度快、条件温和、对单体的纯度和两相的比例要求也较低。

(2) 复凝聚法原理及工艺流程　其原理为将芯材分散于两种或两种以上的带有相反电荷的壳材水溶液中，在一定的 pH、温度、稀释浓度或加入无机盐电解质的条件下，带相反电荷的壳材发生静电相吸，在水中的溶解度降低，在芯材表面发生凝聚并析出，此凝聚现象称为复凝集。

其工艺流程为芯材溶解于带某一电荷的壳材水溶液中→加入带相反电荷的另一壳材→改变溶液条件，使壳材在芯材表面凝聚并析出→凝聚层的凝胶与固化。

需要注意的是，该过程首先需要有两种带相反电荷的离子且配比合适，其次要调节到合适的条件使之聚合析出，而且由于反应在水溶液中进行，芯材必须是不溶于水的固体或粉末。通常使用的是明胶（正电荷）与阿拉伯胶（负电荷）的组合。

(3) 喷雾法原理及工艺流程　喷雾法分为喷雾干燥法和喷雾聚合法。喷雾干燥法是将芯材溶解于壳材的乳化液中，乳化液经气流雾化为液滴，液滴的壁材溶剂在热气流中迅速蒸发，从而得到固化的微胶囊饲料。此操作简便、成本低、效率高，应用广泛。前面提到的对维生素 A、维生素 D、维生素 E 等都可以通过此方法制成微粒胶囊的预混料再加入饲料中。喷雾聚合法是先将芯材乳化，再将其雾化为液滴，液滴与壳材混合，形成包膜的微囊饲料。此方法简便但微囊饲料的百分率较低，产品不均一。

2. 颗粒饲料的加工工艺

颗粒饲料加工工艺的加工原料，是主原料、副原料和各类添加剂，它的产品是直接用于淡水鱼类的营养齐全的全价配合饲料。应用的主原料是鱼粉、玉米、豆粕、小麦等；副原料是酵母、麸皮、棉籽饼等；添加剂是复合维生素、矿物质、油脂、抗生素等。另外，还有着色剂、防霉剂和抗氧化剂等。

颗粒饲料的加工工艺可分先粉碎后配料和先配料后粉碎两种工艺。

(1) 先粉碎后配料的加工工艺　需要粉碎的原料通过粉碎设备逐一粉碎至要求的粒度后，分别进入各自的中间配料仓按照饲料配方的配比，对这些粉状的能量饲料、蛋白质饲料和添加剂饲料逐一计量后，进入混合设备进行充分地混合，即成粉状配合饲料。如需压粒就进入压粒系统加工成颗粒饲料（图 6-1）。

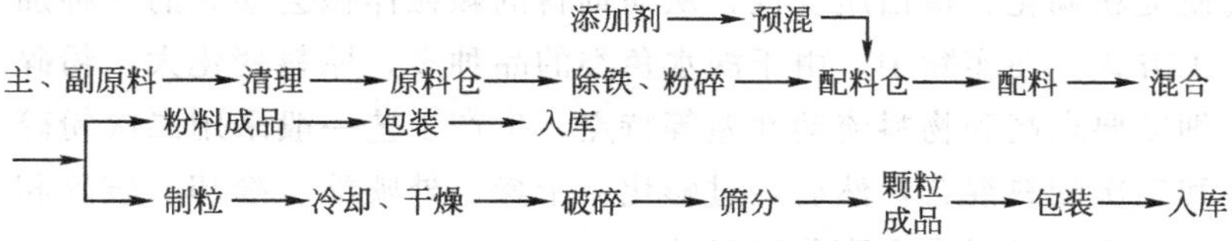

图 6-1　鱼用饲料先粉碎后配料的工艺流程

该工艺的优点是粉碎机可置于数量较大的待粉碎仓之下，原料供给充足，机器始终处于满负荷生产状态，显现良好的工作特性。可针对原料的不同物理特性及饲料配方中的粒度要求，调整筛孔大小，甚至选择专用的粉碎机，可得到最高经济效益。先粉碎工艺的车间装机容量低于先配料工艺的容量。

该工艺的缺点是料仓数量多，投资大。

(2) 先配料后粉碎的加工工艺　先将各种原料（不包括维生素和微量元素）按照饲料配方的配比，采用计量的方法配合在一起，然后进行粉碎，而后进入混合设备进行分批混合或连续混合，并在混合开始时将被稀释过的维生素、微量元素等添加剂加入。混合均匀后即为粉状配合饲料。如果需要将粉状配合饲料压制成颗粒饲料时，将粉状饲料经过蒸汽调质，加热使之软化后进入压粒机进行压粒，然后再经冷却即为颗粒饲料。

先配合后粉碎加工工艺的主要优点是工艺流程简单，结构紧凑，投资少，节省劳动力，原料仓就是配料仓，从而省去中间配料仓和中间控制设备，其缺点是：部分粉状饲料要经粉碎、造成粒度过细，影响粉碎机产量，又浪费电能。此工艺适用于小型饲料加工厂。

二、膨化饲料加工工艺

膨化是利用饲料中的水分在高温、高压和挤压力的作用下，使淀粉糊化、蛋白质变性，从而饲料的颗粒体积会膨大的一种加工方式。在实际中，由于淡水鱼类的品种多，原料变化大、粉碎细度要求高和物料流动性差等特点，生产工艺一般采用二次粉碎和二次配料混合，然后经过膨化、干燥、外喷涂、冷却、破碎和筛选来完成对水产膨化饲料的加工。

膨化饲料加工工艺可以分为干法膨化和湿法挤压膨化，干法膨化是利用物料本身所含水分的比例，利用挤压、摩擦、推进、瞬间高温、快速喷出的一系列加工工艺。湿法挤压膨化工艺是在饲料加工前先通入蒸汽进行调质，使物料在高温、高压及高湿条件下进入膨化制粒工段，通过模孔挤压，在压力骤减下体积膨大，形成膨化颗粒饲料的过程。

通过图 6-2 介绍水产膨化饲料常用加工工艺流程。

1. 进料与一次粗粉碎

由于饲料原料分为粉料与粒料两种形式，粉料可直接经下料坑、提升机进入圆锥清理筛除杂、磁选后经分配器进入配料仓，而粒料形式的原料则需经下料坑、提升机、磁选除杂、粗粉碎、再经提升机、分配器进入配料仓。

2. 一次配料与混合

按照饲料配方，将用量较多的大众原料用电子配料秤进行对配料仓中的物料进行称量配制，然后经混合机进行混合。称量配

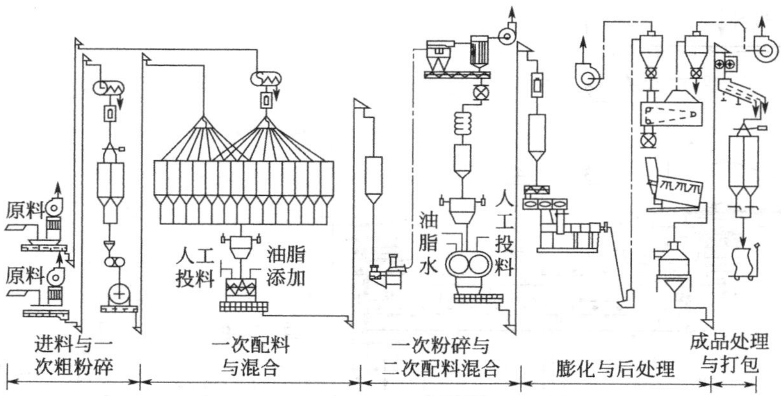

图 6-2 水产膨化饲料加工工艺流程图（李启斌，2001）

制过程要防止物料结拱。

3. 二次粉碎与二次配料、混合

普通淡水鱼对饲料粉碎粒度要求在 40～60 目之间，同时粒度越细，表面积越大，制粒时吸收蒸汽中水分的能力越强，越有利于饲料的调制和颗粒的形成，制好的饲料不仅水中稳定性好，淡水鱼利用率也高。因此，在生产中一般采用二次粉碎的方法。这里将第一次混合的原料经提升机进入微粉碎机进行二次粉碎。将水和油脂的液体添加口、人工投料口均设于二次混合机的上方，二次粉碎的物料和二次添加的物料在二次混合机进行充分混合。

4. 膨化制粒

膨化机示意图如图 6-3 所示。

二次粉碎和混合的物料进入膨化机料筒，通过调速喂料器进入调制器，同时对物料进行水热处理，使物料变得湿热、柔软。经调制后的物料经接料管送入螺旋式挤压膨化机，物料在螺纹由大到小的螺旋挤压机内被强行挤压到前端的压膜膜孔。穿过膜孔

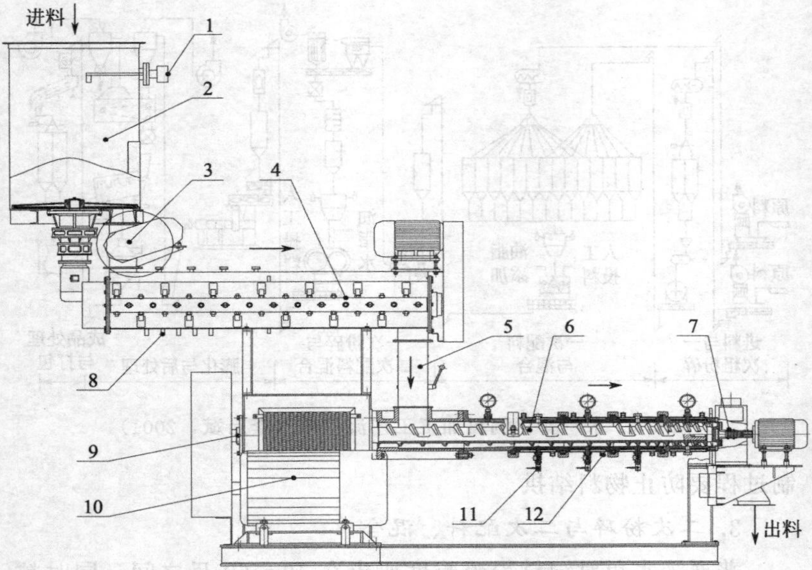

图 6-3　膨化机示意图

1—料位器；2—料筒；3—可调速喂料器；4—双轴差速调质器；
5—接料管；6—螺旋、挤压装置；7—切粒机构；8—蒸汽及液体添加；
9—传动主轴；10—主电机；11—单向阀；12—蒸汽、冷却水添加

的物料由于压力、温度、湿度急剧下降，饲料中的水分瞬间由液态变为气态从饲料中散出，形成多孔的膨化状并被切割成一定长度的膨化颗粒物料。此时物料水分含量较高，需要气力输送装置（可使膨化颗粒表面立即形成胶质包膜，不易破碎，粉化率也降低）而不是提升机（提升机可使多水分的膨化颗粒破碎，粉化率升高），将水分含量较高的膨化物料提升至干燥器内干燥。烘干后的物料再通过外喷涂装置喷涂一些热敏性原料，从而减少饲料加工过程中的营养损失。此时温度大约 80℃，物料再经逆流式冷却器进行冷却。

5. 成品处理与打包

冷却后的物料经提升机先进入破碎机破碎，再进入平面回转筛分级。分级筛一般为两层，上层筛筛上物需重新进入破碎机破碎，下层筛筛上物为成品料，进入成品库，称料打包，下层筛筛下物为粉碎料，需返回配料仓进入下一制粒循环。

第七章

淡水鱼类配合饲料的质量管理与评价

配合饲料的质量是饲料企业的生命，它关系到饲料企业的信誉与兴衰，与养殖业者的生产效益密切相关。因此，饲料企业必须十分重视产品质量，加强饲料质量管理，对饲料质量的管理，应从原料进厂贯彻至产品销售的整个过程，如原料检验、配方设计、生产过程、产品包装、储藏保管以及对配合饲料质量的评价方法。

第一节 淡水鱼类配合饲料的质量管理

一、淡水鱼类配合饲料的质量要求和饲料标准

淡水鱼类配合饲料质量包括感官指标、物理指标、营养指标和卫生指标等四项。

1. 感官指标要求

色泽一致，具有该饲料气味，无异味，无发霉、变质、结块现象，无鸟、鼠、虫污染，无杂质，饲料呈颗粒状表面光滑的特性。

2. 物理指标要求

粉料粒度是98%通过40目（0.425毫米）筛孔，80%通过60目（0.250毫米）筛孔。粉碎粒度是个重要指标，粒度太大，饲料表面积小，接触胃液面积小，胃液不易渗透，不利于动物消化吸收。据研究，粉碎度低于40目的花生饼的蛋白质消化率低，过40目与过100目筛的花生饼相比较，其蛋白质消化率没有明

显增加。粒度过细易污染环境，电耗高，成本升高。混合均匀度（变异系数），对一般鱼饲料要求≤10%，鳗鱼饲料要求在8%以下。混合均匀度是指同一批饲料各组分之间的差异，用变异系数表示。变异系数越小，说明饲料混合越均匀。饲料混合不均匀，可影响动物的生长和饲料效益，甚至有使养殖鱼中毒死亡的危险。颗粒密度（克/厘米^3）在1.025～1.035之间。水稳定性：常规鱼饲料对水稳定性要求较低，10分钟不溃散即可，名特鱼类（如鳗鱼）饲料的散失率要求小于3.0%。

3. 营养指标（化学指标）要求

饲料的营养指标主要指饲料中的能量、粗蛋白质、必需氨基酸、粗脂肪、粗纤维、钙、磷、粗灰分、盐分等含量。饲料企业都有自己的企业标准，如有国家标准或地方标准，应按有关标准执行。

饲料标准是从事饲料生产和饲料商品流通的一种共同的技术依据。作为现代饲料工业主要产品的配合饲料，必须制定质量标准，以作为企业生产、加工、销售以及质量管理的依据。

饲料质量标准中的营养指标和养殖动物的营养需要量的含义是不相同的。营养需要量是指养殖动物所需营养成分的种类和数量的定额，它为制定配合饲料质量标准中的营养指标提供了理论依据，它包括40多种营养指标在内的淡水鱼类全面的营养需要，而饲料质量标准中的营养指标只能规定一些最重要、但又容易测定的客观检验项目；考虑到原料成分的变异性及加工过程中各种因素的影响，饲料质量标准中列出的各项营养指标均为保证值（即最低值或最高值），与一般营养需要量不同。更为重要的区别是，饲料质量标准不仅要考虑养殖动物的营养需要，还要考虑当地的饲料资源、加工技术、成本和经济效益。因此，所制定的饲料质量标准和营养需要量，两者关系十分密切，但却不能相互代替或混淆。

水分是一种重要的化学指标。水分太高，会引起饲料霉变，而水分太低，虽有利于储藏，但会相应地增加成本，降低经济效益。一般鱼饲料要求水分在12%以下，鳗鱼饲料水分要求在9%以下。

4. 卫生指标要求

我国目前还没有制定统一的鱼饲料的卫生质量标准，但显然饲料的卫生质量是很重要的，它不仅影响养殖动物的生长和饲料转化率，而且还涉及人类健康。影响饲料质量的各种有害物质：有害的微生物，如霉菌、沙门菌等致病菌；有害的重金属元素，如汞、铅、镉、铬及砷等；有毒的有机物，如棉酚、硫葡萄糖苷、农药残留物等；霉菌毒素，如黄曲霉素等。这些有毒有害物质可由饲料通过养殖动物进入人类食物。所以，为了人类的健康，对饲料的卫生质量应引起高度重视。饲料卫生指标应符合GB 13078—2001 的规定。

二、影响配合饲料质量的因素

影响配合饲料的因素是多方面的，概括起来有以下几个方面。

1. 饲料原料

饲料原料是保证饲料质量的重要环节。劣质原料不可能加工出优质配合饲料。为了降低饲料成本而采购价廉而质次的原料是不可取的。

2. 配合饲料配方

饲料配方的科学设计是保证饲料质量的关键。配方设计不科学、不合理就不可能生产出质量好的配合饲料。

3. 配合饲料加工

配合饲料的加工与质量关系极为密切。仅有好的配方、好的原料，如加工过程不合理也不能生产出好的配合饲料。在加工过程中影响饲料质量的有：粉碎粒度是否够细，称量是否准确，混合是否均匀，除杂是否完全，蒸汽调质的温度、压力是否适宜，造粒是否压紧，颗粒大小是否合适，熟化温度及时间是否科学等。

4. 饲料原料和成品的储藏

饲料原料和成品在运输和储藏时绝不能掉以轻心，必须采取有力措施，加强管理以保证其质量。

三、配合饲料产品的质量管理

确保配合饲料的质量是企业生产的关键。只有严格把好质量关，进行全面质量管理，配合饲料厂才能在竞争中生存和发展。所谓全面质量管理，是指“全过程、全指标、全人员、全环节”的管理，其内容包括饲料配方的管理、饲料原料质量的管理、加工过程质量的管理、产品质量的管理、人员的培训、经营质量的管理等。

1. 饲料配方的管理

选用先进的饲料配方。先进合理的饲料配方应符合下列要求：达到规定的营养指标，符合卫生标准，价格合理，原料质优价廉，符合工艺要求，在进行批量生产前，要对配方的先进性和可行性给予论证审核；在配方确定后，不得任意更改。

2. 饲料原料的管理

首先要求饲料来源稳定可靠，其次是进厂原料的质量要有保证。饲料原料的质量直接影响到配合饲料的质量。同一种饲料原料由于生长环境、收获方式、加工方法、储藏条件不同，其营养成分相差很大。如同是棉籽饼，由于棉花品种、制油方式不同，质量有显著差别。无毒棉品种加工出的棉籽饼蛋白质品质显著优于有毒棉籽饼；直接浸出粕的蛋白质一般优于螺旋压榨饼。由于取油的技术参数不同所加工出的饼粕品质也不同。另外，有些饲料原料由于储藏不当，有霉变、腐败现象，饲料品质也显著下降。所以，在进料时一定要调查原料来源，进行感官鉴定，以确定原料的品质及其大概成分含量。有条件的厂家最好对原料进行概略养分分析，为计算配方提供数据。另外，进厂的饲料若一次加工不完，也要妥为储藏。饲料原料来源应定点定厂，建立长期合作关系，以保证原料供应和质量的稳定。

3. 加工过程质量的管理

配合饲料加工质量与工艺流程、设备质量、安装质量、操作技术等有关。首先要选用合理的工艺流程，配合饲料的质量主要决定于加工过程的质量管理，如清理除杂、粉碎、配料、混合、制粒、熟化、包装等，操作人员都应层层把关，严格按照技术操作规程进行质量管理，不让不合格的产品进入下一道工序。

除杂质工序要保证除杂效果，对大于 2 毫米的金属杂质，除净率要达到 100％，小于 2 毫米的金属杂质，除净率要达到 98％以上；粉碎工序要保证粉碎粒度达到要求并要均匀；配好添加物料的顺序和最佳搅拌时间，确保混合均匀度在要求范围以内；制粒工序要控制好蒸汽压力、蒸汽水分、调质温度和时间；熟化工序要掌握好温度和时间，控制好冷却时间、水分含量和料温。

4. 实行岗位责任制和人员培训

对操作工人、车间管理干部和质量监测人员要进行专门培训，认真挑选，把产品质量和企业的信誉、个人的收入牢牢挂钩，把岗位责任落实到人，层层负责。

5. 产品质量管理

饲料厂在产品出厂前应进行定期检验和不定期抽样检验，每批产品都应有化验记录。经检验确认饲料变质或卫生检验不合格产品，不准出厂。每个车间有专职检验员，全厂有专业化验室。要提高包装质量，标明注册商标，注上产品标签及产品成分保证值，注明使用方法、注意事项、生产日期与产品有效期。

第二节

淡水鱼类配合饲料的储藏与保管

无论是配合饲料厂，还是自制自用的养殖场，其配合饲料从生产到投喂（饲料厂还要经过销售过程）都要有一个过程，少则几天，多则数月。饲料储藏和保管是这一过程中的重要环节，在储藏过程中稍有疏忽大意，就会使饲料品质下降、霉烂生虫，造成直接或间接的经济损失或信誉损失。因此，为了保证饲料质量，提高饲料企业和养殖业者的经济效益，对配合饲料的储藏管理必须予以重视。

一、储藏中影响饲料质量的主要因素

1. 饲料本身的变化

植物性饲料由于加工工艺不同，饲料中含有的酶有的被破坏，有的仍存在活性。例如，鳗鱼的粉状饲料，在储藏期间，产生热量，放出二氧化碳。在15～50℃范围内，饲料中水分越高，温度所起的作用越大。

刚生产出的颗粒配合饲料表面光滑，具有光泽。随着储藏时间的延长，颜色逐渐变深变暗，光泽逐渐消失，鱼腥气味也逐渐淡薄。商品感官质量下降。

配合饲料在储藏中如保管不善，通风不好，饲料自身发热，在温度升高的条件下易发生褐变反应，引起变色，色泽加深变成褐色，并使饲料蛋白质营养降低，参与反应的赖氨酸等不能被消化酶分解而损失。

亚油酸、亚麻酸、二十碳五烯酸和二十二碳六烯酸是淡水鱼类营养所必需的不饱和脂肪酸。这些脂肪酸在饲料储藏过程中很容易发生自动氧化，这对淡水鱼类的生长是有害的。脂肪的氧化降低了脂肪的营养价值。

维生素在储藏过程中，效价会逐渐降低，如维生素 B_1 储存 3 个月损失达 80%～90%，叶酸储存 3 个月损失约 43%等。

饲料在储藏过程中，质量会逐渐下降，如脂肪酸败、淀粉品质变劣、蛋白质变性或水解、维生素效价降低。这种由新到陈、由旺盛到衰老的现象叫陈化。陈化与储藏条件有关。在正常保管条件下，配合饲料的质量可保持 1 年。

2. 气象因素

主要为温度和湿度。温度对储藏饲料影响较大，如饲料中的维生素 A，在密闭容器中储藏在 5℃阴暗处，2 年后其效价仍保持在 80%～90%；如储藏温度为 20℃，则效价将降为 75%左右；在 35℃储藏，则效价仅剩 25%。在适宜湿度下，温度低于 10℃时，霉菌生长缓慢；高于 30℃时，霉菌即迅速生长。

湿度的含义通常包括配合饲料中的水分和空气中的相对湿度。谷物饲料在储藏期间由于呼吸作用，不断地和周围环境交换气体。如果空气中湿度大，水分就要渗入饲料中，使其含水率增高，如通过通风或干燥处理，则可使水分转移出来，降低其含水率。各种害虫最适宜活动的含水率在 13.5%以上，并随含水率增加而加速繁殖。在常温下，含水率大于 15%时最易生霉。维生素在储藏期的损失与水分含量有关，如维生素 B_1、维生素 C 和维生素 K_3 在含水率为 13%的玉米粉中，经过 4 个月储藏，60%的效价被破坏，如选用含水率为 5%的干燥乳糖粉作为载体，经过 4～6 个月储藏，维生素效价仍可保持在 85%～90%。

3. 霉变

霉菌在适宜的温度、湿度、氧气条件下，能利用饲料中的蛋白质作为氮源，利用脂肪、糖类作为碳源进行生长繁殖。饲料中的主要原料——植物性原料在收割至加工的各个环节中，即沾染了各种各样的霉菌。霉菌中有亮白曲霉、黄曲霉、赭曲霉等，其中以黄曲霉菌所产生的黄曲霉毒素对饲养动物的危害最大，不但影响其生长，而且有致癌作用。霉菌的生长繁殖依赖于适宜的水分和温度。饲料水分在11.8%以下时，大多数霉菌都不能生长，而水分含量在10.4%以下时，则任何微生物都不能生长。

4. 虫害、鼠害

仓库害虫最适宜生长温度为28～38℃，低于17℃时，其繁殖即受到影响。侯文璞（1990）指出，最适温度范围因仓虫种类不同而异，如米象为29～32℃、谷蛾为32～35℃。温度为0～15℃和35～40℃时，仓虫一般不活动，超过此范围则死亡。空气湿度对仓虫活动亦有影响。一般认为，食物含水率在13%以上，空气湿度在70%以上为其适宜湿度范围。仓库害虫带来的危害是由于其生长繁殖而大量消耗饲料；放出热量，使饲料温度升高；其代谢产生的水分由温度较高处转移至较低的饲料表面，水气凝集而导致饲料结块；而水分和温度又给霉菌创造了适宜环境，使霉菌繁殖起来；害虫的尸体、粪便及丝网污染了饲料，使饲料的营养价值受到严重影响。鼠类是饲料仓库危害较大的动物，其糟蹋饲料，传染病菌，污染饲料，因此要注意灭鼠。

二、饲料储藏和保管方法

饲料储藏和保管，对饲料厂来说，是生产至销售之间的重要环节；对养鱼场来说，是购进与投喂之间的过渡环节。其目的是在销售和投喂之前，最大限度地保持饲料固有的质量。为使饲料能储藏和保管好，要有良好的仓库设施，合理地堆放饲料，并加强日常管理，注意卫生。

1. 仓库设施

储藏饲料的仓库，应具备不漏雨、不潮湿，门窗齐全，防晒、防热、防太阳辐射，通风良好。必要时可以密闭，使用化学熏蒸剂灭虫。仓库四周阴沟畅通，仓内四壁墙脚刷有沥青层，防潮、防渗漏。仓顶要有隔热层，仓墙粉刷成白色，以减少吸热，仓库周围可种树遮阴，减少仓房日照时间。

2. 饲料的合理堆放

饲料包装一般采用编织袋，内衬塑料薄膜。塑料薄膜袋，气密性好，能防潮、防虫，避免营养成分变质损失。袋装饲料可码垛，堆放时袋口一律向里，以免沾染虫杂，并防止吸湿和散口倒塌。仓内堆装要做好铺垫防潮工作，先在地面上铺一层清洁稻壳，再在上面铺上芦苇或竹席。堆放不要紧靠墙壁，要留一人行道。堆形采用“工”字形和“井”字形，袋包间有空隙，便于通风、散热、散湿。散装饲料堆放可采用围包散装和小囤打围法。围包散装是用麻袋或编织袋装入饲料，码成围墙进行散装；小囤打围是用竹席或芦苇围成围墙，散装饲料。如量少也可直接堆入地上，量多时适当安放通风桩，以防发热自燃。

3. 日常管理

加强库房内外的卫生管理，经常消毒、灭鼠、灭虫，注意库房四周墙脚有无空洞，如有要及时堵塞、原料进厂要严格检验，发霉、生虫原料不应使用，并在处理之前不准入库，以免沾污其他原料。如发现库存饲料发霉生虫，应及时采取措施。要时常注意库内温度和湿度，使库内温度控制在15℃内、湿度在70%以下。要经常注意通风。通风方法有自然通风和机械通风，自然通风经济、简便，缺点是通风量小，且受气压和温度的影响；机械通风是将干燥低温空气用风机压入饲料堆，使其降低料温，散发水分，以利储藏。机械通风效果好，但要消耗一定能源，增加成本。通风储藏是我国常用的储藏方法。

水产饲料储藏方法很多，各厂可根据自己的实际情况，科学地保管饲料。储藏水产饲料的常用方法总结如下。

(1) 缺氧保存法　将饲料在低氧环境下保存，可减少饲料中营养的氧化分解或变性。

(2) 干燥保存法　把饲料保存在空气温度很低的环境中，避免饲料受损失变质，此法多用于保存配合饲料。

(3) 通风保存法　温度较高的饲料用此法保存。

(4) 低温保存法　此法应用较广，特别是维生素原料一定要用此法保存。

(5) 化学保存法　将防霉剂和抗氧化剂按一定比例加入饲料中，以防止水产饲料在长期保存过程中霉变或氧化。

常用的防霉剂有丙酸钠、丙酸钙、脱氢醋酸钠、甲酸，在饲料中的添加比例分别是 0.1%、0.2%、0.02%～0.05%、0.2%～0.3%。

常用的抗氧化剂有山道喹、恩多科斯、乙氧喹、BHT、BHA 等，在饲料的添加量一般为 0.01%～0.05%。

值得注意的是，饲料中加入一些防霉剂、抗氧化剂，虽然可起到一定的防霉、抗氧化的作用，但有时这些添加剂可能对水生动物产生一些副作用。

第三节

淡水鱼类配合饲料质量的评定方法

淡水鱼类配合饲料质量的评定和饲料营养价值的评定方法，

包括化学分析评定法、蛋白质营养价值评定法、能量指标法、饲养试验评定法、生产性评定法等。

一、化学分析评定法

分析饲料中各种营养物质的含量是评定饲料营养价值的基本方法。此法又可分为概略养分分析法和纯养分分析法。概略养分一般指水分、粗蛋白、粗脂肪、粗纤维、无氮浸出物和粗灰分六种。农业部对鳗鱼和配合饲料养分分析项目有水分、粗蛋白、粗脂肪、粗纤维、粗灰分、钙、磷、砂分和尿素；而评定鳗鱼饲料组织评优，其所用方法即为概略养分分析法，但增加感官、物理和卫生指标。评定时按评定标准打分，如粗脂肪标准为>3.0%，标准分数为6分，每减0.1个百分点即扣0.6分，该饲料如含粗脂肪为4.0%，则得6分，然后根据各项得分总和评定饲料之优劣。

纯养分分析法是随着生物分析技术的不断进步而建立的评定饲料质量法。它利用现代分析技术可以测定饲料中的纯养分，如粗蛋白中的纯蛋白质，各种氨基酸、粗纤维中的纤维素、半纤维、木质纤维，以及粗脂肪中的各种不同脂类和脂肪酸等的含量。例如，测定必需氨基酸含量，计算化学成分（CS）或必需氨基酸指数来评定饲料的质量。侯文璞等（1981）测定了5组饲料的必需氨基酸含量，计算出必需氨基酸指数，与摄食此5组饲料的对虾的比增长率相比较，其间具有正相关关系，即必需氨基酸指数越高，其比增长率越大，表明配合饲料的质量越好。可见，用必需氨基酸指数评定配合饲料质量的好坏是比较有效的评定方法。

概略养分分析法与纯养分分析法各有所长。前者分析方法简单，但分析的成分并非是营养化学的单一物质；而后者指标精度高、针对性强，但对仪器设备的要求较高。当前在评定渔用饲料质量时多采用概略养分分析法；在研究鱼的营养生理、代谢性疾病、研制饲料配方时，则必须采用纯养分分析法。随着化学、动物生理学的发展，化学分析法的改进，以及对饲料物理特性的认识，建立较准确、快速、耗费低的评定饲料质量的分析方法是可能的。

二、蛋白质营养价值评定法

蛋白质在淡水鱼类营养中具有重要地位。蛋白质营养价值的高低对饲料质量起到关键作用。蛋白质营养价值高，饲料的质量也高。因此，可以用评定蛋白质的营养价值评定饲料的质量。生产上常用的评定饲料蛋白质营养价值的方法有生物学评定法和化学评定法。

1. 生物学评定法

主要通过测定淡水鱼类体重的方法来评定。用已知蛋白质含量的饲料来饲喂淡水鱼类，经过一定时间后测定其体重增加量，根据体重增加的变化情况，对蛋白质的营养价值作出评定。

(1) 增重率

$$增重率=(W_t-W_0)\times100/W_0$$

W_t为饲喂t时间的体重；W_0为放养时的体重。即在t时以体重增重百分比来衡量饲料蛋白质的效果。

(2) 蛋白质效率（PER） 这一评价法测定容易，实用性强，被普遍采用。用含有试验蛋白质的饲料，饲喂淡水鱼类一段时间，从淡水鱼类体重增加量和蛋白质的摄取量，求得蛋白质效率。

$$PER=体重增加量\times100/蛋白质摄取量$$
$$=体重增加量\times100/饲料摄取量\times蛋白质含量$$

不同饲料中蛋白质含量虽然相同，但蛋白质效率不同，这是因为不同蛋白质其所含的必需氨基酸的组成和配比不同，其组成和配比越接近于淡水鱼类的需求，则其利用率越高。

2. 化学评定法

蛋白价（PS）是试验蛋白质或饲料蛋白质中第一限制氨基酸量与标准蛋白质中相应的必需氨基酸量的百分比。蛋白价也称化学价，可以计算第一限制氨基酸的化学价、第二限制氨基酸的化学价。作为标准的必需氨基酸过去多以全卵蛋白质的氨基酸为标准。但实验证明全卵蛋白质的必需氨基酸量与鱼类所需的氨基酸量并不一致，故可用养殖对象鱼虾经实验获得的必需氨基酸标准值或其体蛋白质的必需氨基酸作标准。其计算公式为

蛋白价＝试验蛋白质中某氨基酸量×100/
标准蛋白质中某氨基酸量

三、能量指标法

饲料总能含量是评定饲料营养价值的一个重要指标。动物的各种活动都需要能量，而饲料中所蕴藏的能量主要存在于蛋白质、脂肪和糖类化学键中。这些物质在体内“燃烧”可将其所含能量释放出来。饲料总能是应用燃烧测热器测出的，它是饲料中有机物质所含能量的总和，用此来评定饲料价值，其优点是它的高度概括性。

用能量指标衡量饲料质量的优劣，基于饲料的能量价值必须与动物的能量需要或动物对供给能量的反应相适应。测定能量指标除以总能表示外，还可用消化能、代谢能来评定饲料质量。以消化能或代谢能评定饲料价值比使用饲料总能更能准确地反映饲料质量的优劣。

四、饲养试验评定法

饲养试验是指在一定条件下，饲养淡水鱼类，通过增长率、产量及饲料系数的对比，探讨淡水鱼类对营养物质的需要，评定饲料的营养价值，这是比较配合饲料质量和饲料方式优劣的最可靠的办法。饲养试验的结果反映了饲料对淡水鱼类的综合影响，包括对消化、代谢、能量利用及维持鱼体健康的综合影响。这种试验所测结果有较强的说服力，其试验结果便于在生产中推广应用。饲养试验可用以验证其他评定饲料质量的方法所得结果。为使饲养试验获得准确可靠的结果，必须注意以下问题。

① 供实验用鱼必须健康无病，营养状况正常，未受任何损伤。

② 在整个试验期间，除投喂饲料不同外，其他条件都应基本相同。应用同批孵苗下池，组间平均体重差异不得超过±5%。为保证饲养条件的一致性，供做试验的鱼应由固定人员饲养，对于各种干扰因素，必须加以控制和消除。

③ 在饲养试验中，要有一定的重复数。重复的目的是降低试验误差和增强代表性。同一试验若重复数多，则误差小。重复组以3～6组为宜。放养数量可根据水体大小、鱼类规格大小而不同，不宜过多或过少；过多则单位水体密度大，影响生长速度及存活率，过少则影响试验结果的准确性。

④ 在试验中必须设具有基准性质的对照组，因为只有通过与对照组比较，才能显示出试验组效果。

在对试验用鱼分组时，必须使用随机分配的方法。因为试验鱼不论怎样选择，其个体间总有差异。随机取样就是使每个个体在分组时都有同等的机会进入试验组或对照组中，以避免人为的主观因素的影响。不论是有意还是无意地加入试验者的主观因素，都会影响试验的准确性，导致错误的结论。

五、生产性评定法

1. 生物学指标

通过养成全过程，最后收获时，测量其平均体长、体重及单产产量作为指标，对配合饲料进行评定。规格大、产量高说明配合饲料质量好。

2. 饲料系数与投饲系数

饲料系数又称增肉系数，是指摄食量与增重率之比值。其计算公式如下。

$$F=(R_1-R_2)/(G_1+G_2-G_0)$$

式中，F 为饲料系数；R_1 为投饵量；R_2 为残饵量；G_0 为实验开始时鱼的总体重；G_1 为实验过程中死亡鱼的重量；G_2 为实验结束时鱼、虾的总体重。

饲料系数被用来衡量配合饲料的质量以及鱼虾对配合饲料的利用程度，其值大小除与饲料质量有关外，还与鱼、虾对其消化吸收和代谢有关。用饲料系数评定配合饲料的质量是较准确可靠的。但在生产中却不适用，这是因为式中 G_1、R_2 都无法测出来，因此在生产中以投饲系数来代替饲料系数。投饲系数是在养成全过程中投饲量与鱼/产量的比值，其计算公式为

$$F_{(投)}=R_1/G_2$$

与饲料系数的计算公式相比，简化了残饵量、初始鱼重量和死亡鱼重量。投饲系数不仅与饲料质量有关，和投饵技术的高低也密切相关。生产实践证明，投饵过多或过少，都会使投饵系数上升。

3. 饲料效率

饲料效率（E）是指鱼虾增重量与摄食量的百分比，其计算公式为

$$E=(G_1+G_2-G_0)/(R_1-R_2)\times100\%$$

在生产条件下，其计算公式同样简化为

$$E=G_2/R_1\times100\%$$

饲料效率与饲料系数之间是倒数关系，即

$$E=1/F$$

附录一

饲料描述及常规成分

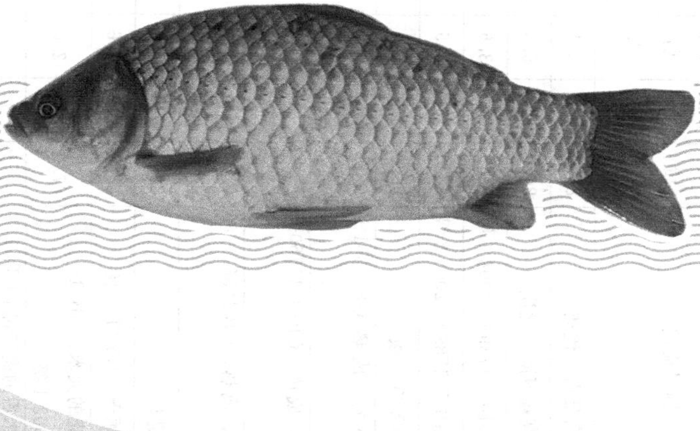

序号	饲料名称	饲料描述	干物质/%	粗蛋白/%	粗脂肪/%	粗纤维/%	无氮浸出物/%	粗灰分/%	中性洗涤纤维/%	酸性洗涤纤维/%	淀粉/%	钙/%	总磷/%	有效磷/%
1	玉米	成热，高蛋白，优质	86.0	9.4	3.1	1.2	71.1	1.2	9.4	3.5	60.9	0.09	0.22	0.09
2	玉米	成热，高赖氨酸，优质	86.0	8.5	5.3	2.6	68.3	1.3	9.4	3.5	59.0	0.16	0.25	0.09
3	玉米	成热，GB/T 17890—2008 1级	86.0	8.7	3.6	1.6	70.7	1.4	9.3	2.7	65.4	0.02	0.27	0.11
4	玉米	成热，GB/T 17890—2008 2级	86.0	7.8	3.5	1.6	71.8	1.3	7.9	2.6	62.6	0.02	0.27	0.11
5	高粱	成热，NY/T 1级	86.0	9.0	3.4	1.4	70.4	1.8	17.4	8.0	68.0	0.13	0.36	0.12
6	小麦	混合小麦，成热 GB 1351—2008 2级	88.0	13.4	1.7	1.9	69.1	1.9	13.3	3.9	54.6	0.17	0.41	0.13
7	大麦（裸）	裸大麦，成热，GB/T 11760—2008 2级	87.0	13.0	2.1	2.0	67.7	2.2	10.0	2.2	50.2	0.04	0.39	0.13
8	大麦（皮）	皮大麦，成热，GB 10367—89 1级	87.0	11.0	1.7	4.8	67.1	2.4	18.4	6.8	52.2	0.09	0.33	0.12
9	黑麦	籽粒，进口	88.0	9.5	1.5	2.2	73.0	1.8	12.3	4.6	56.5	0.05	0.30	0.11
10	稻谷	成热，晒干，NY/T 2级	86.0	7.8	1.6	8.2	63.8	4.6	27.4	28.7	—	0.03	0.36	0.15
11	糙米	除去外壳的大米，GB/T 18810—2002 1级	87.0	8.8	2.0	0.7	74.2	1.3	1.6	0.8	47.8	0.03	0.35	0.13
12	碎米	加工精米后的副产品，GB/T 5503—2009 1级	88.0	10.4	2.2	1.1	72.7	1.6	0.8	0.6	51.6	0.06	0.35	0.12

续表

序号	饲料名称	饲料描述	干物质/%	粗蛋白/%	粗脂肪/%	粗纤维/%	无氮浸出物/%	粗灰分/%	中性洗涤纤维/%	酸性洗涤纤维/%	淀粉/%	钙/%	总磷/%	有效磷/%
13	粟（谷子）	合洛，带壳，成热	86.5	9.7	2.3	6.8	65.0	2.7	15.2	13.3	63.2	0.12	0.30	0.09
14	木薯干	木薯干片，晒干 GB 10369—89 合格	87.0	2.5	0.7	2.5	79.4	1.9	8.4	6.4	71.6	0.27	0.09	—
15	甘薯干	甘薯干片，晒干 NY/T 121—1989 合格	87.0	4.0	0.8	2.8	76.4	3.0	8.1	4.1	64.5	0.19	0.02	—
16	次粉	黑面，黄粉，NY/T 211—92 1级	88.0	15.4	2.2	1.5	67.1	1.5	18.7	4.3	37.8	0.08	0.48	0.15
17	次粉	黑面，黄粉，NY/T 211—92 2级	87.0	13.6	2.1	2.8	66.7	1.8	31.9	10.5	36.7	0.08	0.48	0.15
18	小麦麸	传统制粉工艺 GB 10368—89 1级	87.0	15.7	3.9	6.5	56.0	4.9	37.0	13.0	22.6	0.11	0.92	0.28
19	小麦麸	传统制粉工艺 GB 10368—89 2级	87.0	14.3	4.0	6.8	57.1	4.8	41.3	11.9	19.8	0.10	0.93	0.28
20	米糠	新鲜，不脱脂 NY/T 2级	87.0	12.8	16.5	5.7	44.5	7.5	22.9	13.4	27.4	0.07	1.43	0.20
21	米糠饼	未脱脂，机榨 NY/T 1级	88.0	14.7	9.0	7.4	48.2	8.7	27.7	11.6	30.2	0.14	1.69	0.24
22	米糠粕	浸提或预压浸提 NY/T 1级	87.0	15.1	2.0	7.5	53.6	8.8	23.3	10.9	—	0.15	1.82	0.25

续表

序号	饲料名称	饲料描述	干物质/%	粗蛋白/%	粗脂肪/%	粗纤维/%	无氮浸出物/%	粗灰分/%	中性洗涤纤维/%	酸性洗涤纤维/%	淀粉/%	钙/%	总磷/%	有效磷/%
23	大豆	黄大豆，成熟 GB 1352—86 2 级	87.0	35.5	17.3	4.3	25.7	4.2	7.9	7.3	2.6	0.27	0.48	0.14
24	全脂大豆	微粒化 GB 1352—86 2 级	88.0	35.5	18.7	4.6	25.2	4.0	11.0	6.4	6.7	0.32	0.40	0.14
25	大豆饼	机榨 GB 10379—989 2 级	89.0	41.8	5.8	4.8	30.7	5.9	18.1	15.5	3.6	0.31	0.50	0.17
26	大豆粕	去皮，浸提或预压浸提 NY/T 1 级	89.0	47.9	1.5	3.3	29.7	4.9	8.8	5.3	1.8	0.34	0.65	0.22
27	大豆粕	浸提或预压浸提 NY/T 1 级	89.0	44.2	1.9	5.9	28.3	6.1	13.6	9.6	3.5	0.33	0.62	0.21
28	棉籽饼	机榨 NY/T 129—1989 2 级	88.0	36.3	7.4	12.5	26.1	5.7	32.1	22.9	3.0	0.21	0.83	0.28
29	棉籽粕	浸提 GB 21264—2007 1 级	90.0	47.0	0.5	10.2	26.3	6.0	22.5	15.3	1.5	0.25	1.10	0.38
30	棉籽粕	浸提 GB 21264—2007 2 级	90.0	43.5	0.5	10.5	28.9	6.6	28.4	19.4	1.8	0.28	1.04	0.36
31	棉籽蛋白	脱酚，低温一次浸出，分步萃取	92.0	51.1	1.0	6.9	27.3	5.7	20.0	13.7	—	0.29	0.89	0.29
32	菜籽饼	机榨 NY/T 1799—2009 2 级	88.0	35.7	7.4	11.4	26.3	7.2	33.3	26.0	3.8	0.59	0.96	0.33
33	菜籽粕	浸提 GB/T 23736—2009 2 级	88.0	38.6	1.4	11.8	28.9	7.3	20.7	16.8	6.1	0.65	1.02	0.35
34	花生仁饼	机榨 NY/T 2 级	88.0	44.7	7.2	5.9	25.1	5.1	14.0	8.7	6.6	0.25	0.53	0.16
35	花生仁粕	浸提 NY/T 133—1989 2 级	88.0	47.8	1.4	6.2	27.2	5.4	15.5	11.7	6.7	0.27	0.56	0.17
36	向日葵饼	壳仁比 35：65 NY/T 3 级	88.0	29.0	2.9	20.4	31.0	4.7	41.4	29.6	2.0	0.24	0.87	0.22

续表

序号	饲料名称	饲料描述	干物质/%	粗蛋白/%	粗脂肪/%	粗纤维/%	无氮浸出物/%	粗灰分/%	中性洗涤纤维/%	酸性洗涤纤维/%	淀粉/%	钙/%	总磷/%	有效磷/%
37	向日葵粕	壳仁比 16：84 NY/T 2 级	88.0	36.5	1.0	10.5	34.4	5.6	14.9	13.6	6.2	0.27	1.13	0.29
38	向日葵粕	壳仁比 24：76 NY/T 2 级	88.0	33.6	1.0	14.8	38.8	5.3	32.8	23.5	4.4	0.26	1.03	0.26
39	亚麻仁饼	机榨 NY/T 2 级	88.0	32.2	7.8	7.8	34.0	6.2	29.7	27.1	11.4	0.39	0.88	—
40	亚麻仁粕	浸提或预压浸提 NY/T 2 级	88.0	34.8	1.8	8.2	36.6	6.6	21.6	14.4	13.0	0.42	0.95	—
41	芝麻饼	机榨（CP40%）	92.0	39.2	10.3	7.2	24.9	10.4	18.0	13.2	1.8	2.24	1.19	0.22
42	玉米蛋白粉	去胚芽、淀粉后的面筋部分（CP60%）	90.1	63.5	5.4	1.0	19.2	1.0	8.7	4.6	17.2	0.07	0.44	0.16
43	玉米蛋白粉	去胚芽、淀粉后的面筋部分（CP60%），中等蛋白质产品（CP50%）	91.2	51.3	7.8	2.1	28.0	2.0	10.1	7.5	—	0.06	0.42	0.15
44	玉米蛋白粉	去胚芽、淀粉后的面筋部分（CP60%），中等蛋白质产品（CP40%）	89.9	44.3	6.0	1.6	37.1	0.9	29.1	8.2	—	0.12	0.50	0.31
45	玉米蛋白饲料	玉米去胚芽、淀粉后的含皮残渣	88.0	19.3	7.5	7.8	48.0	5.4	33.6	10.5	21.5	0.15	0.70	0.17
46	玉米胚芽饼	玉米湿磨后的胚芽，机榨	90.0	16.7	9.6	6.3	50.8	6.6	28.5	7.4	13.5	0.04	0.50	0.15
47	玉米胚芽粕	玉米湿磨后的胚芽，浸提	90.0	20.8	2.0	6.5	54.8	5.9	38.2	10.7	14.2	0.06	0.50	0.15

续表

序号	饲料名称	饲料描述	干物质/%	粗蛋白/%	粗脂肪/%	粗纤维/%	无氮浸出物/%	粗灰分/%	中性洗涤纤维/%	酸性洗涤纤维/%	淀粉/%	钙/%	总磷/%	有效磷/%
48	DDGS	玉米酒精糟及可溶物，脱水	89.2	27.5	10.1	6.6	39.9	5.1	27.6	12.2	26.7	0.05	0.71	0.48
49	蚕豆粉浆蛋白粉	去皮制粉后的浆液脱水	88.0	66.3	4.7	4.1	10.3	2.6	13.7	9.7	—		0.59	0.18
50	麦芽根	大麦芽副产品，干燥	89.7	28.3	1.4	12.5	41.4	6.1	40.0	15.1	7.2	0.22	0.73	—
51	鱼粉(CP67%)	进口GB/T 19164—2003特级	92.4	67.0	8.4	0.2	0.4	16.4				4.56	2.88	2.88
52	鱼粉(CP60.2%)	沿海产的海鱼粉，脱脂，12个样本的平均值	90.0	60.2	4.9	0.5	11.6	12.8				4.04	2.90	2.90
53	鱼粉(CP53.5%)	沿海产的海鱼粉，脱脂，11样平均值	90.0	53.5	10.0	0.8	4.9	20.8				5.88	3.20	3.20
54	血粉	鲜猪血，喷雾干燥	88.0	82.8	0.4		1.6	3.2				0.29	0.31	0.31
55	羽毛粉	纯净羽毛，水解	88.0	77.9	2.2	0.7	1.4	5.8				0.20	0.68	0.68
56	皮革粉	废牛皮，水解	88.0	74.7	0.8	1.6		10.9				4.40	0.15	0.15
57	肉骨粉	屠宰下脚料，带骨干粉碎	93.0	50.0	8.5	2.8		31.7	32.5	5.6		9.20	4.70	4.70
58	肉粉	脱脂	94.0	54.0	12.0	1.4	4.3	22.3	31.6	8.3		7.69	3.88	3.88

续表

序号	饲料名称	饲料描述	干物质/%	粗蛋白/%	粗脂肪/%	粗纤维/%	无氮浸出物/%	粗灰分/%	中性洗涤纤维/%	酸性洗涤纤维/%	淀粉/%	钙/%	总磷/%	有效磷/%
59	苜蓿草粉(CP19%)	一茬盛花期烘干 NY/T 1 级	87.0	19.1	2.3	22.7	35.3	7.6	36.7	25.0	6.1	1.40	0.51	0.51
60	苜蓿草粉(CP17%)	一茬盛花期烘干 NY/T 2 级	87.0	17.2	2.6	25.6	33.3	8.3	39.0	28.6	3.4	1.52	0.22	0.22
61	苜蓿草粉(CP 14%～15%)	NY/T 3 级	87.0	14.3	2.1	29.8	33.8	10.1	36.8	2.9	3.5	1.34	0.19	0.19
62	啤酒糟	大麦酸造副产品	88.0	24.3	5.3	13.4	40.8	4.2	39.4	24.6	11.5	0.32	0.42	0.14
63	啤酒酵母	啤酒酵母菌粉,QB/T 1940—94	91.7	52.4	0.4	0.6	33.6	4.7	6.1	1.8	1.0	0.16	1.02	0.46
64	乳清粉	乳精,脱水,低乳糖含量	94.0	12.0	0.7		71.6	9.7				0.87	0.79	0.79
65	酪蛋白	脱水	91.0	84.4	0.6		2.4	3.6				0.36	0.32	0.32
66	明胶	食用	90.0	88.6	0.5		0.59	0.31				0.49		
67	牛奶乳糖	进口,含乳糖 50%以上	96.0	3.5	0.5		82.0	10.0				0.52	0.62	0.62
68	乳糖	食用	96.0	0.3			95.7							
69	葡萄糖	食用	90.0	0.3			89.7							
70	蔗糖	食用	99.0				98.5	0.5				0.04	0.01	0.01

续表

序号	饲料名称	饲料描述	干物质/%	粗蛋白/%	粗脂肪/%	粗纤维/%	无氮浸出物/%	粗灰分/%	中性洗涤纤维/%	酸性洗涤纤维/%	淀粉/%	钙/%	总磷/%	有效磷/%
71	玉米淀粉	食用	99.0	0.3	0.2		98.5				98.0		0.03	0.01
72	牛脂		99.0		98.0*		0.5	0.5						
73	猪油		99.0		98.0*		0.5	0.5						
74	家禽脂肪		99.0		98.0*		0.5	0.5						99.00
75	鱼油		99.0		98.0*		0.5	0.5						
76	菜籽油		99.0		98.0*		0.5	0.5						
77	椰子油		99.0		98.0*		0.5	0.5						
78	玉米油		99.0		98.0*		0.5	0.5						
79	棉籽油		99.0		98.0*		0.5	0.5						
80	棕榈油		99.0		98.0*		0.5	0.5						
81	花生油		99.0		98.0*		0.5	0.5						
82	芝麻油		99.0		98.0*		0.5	0.5						
83	大豆油		99.0		98.0*		0.5	0.5						
84	葵花油		99.0		98.0*		0.5	0.5						

注：1. “—”表示未测值（下同）；2. “*”代表典型值；3. 空的数据项代表为“0”；4. 表中所有数据无特别说明者，均表示为饲喂状态的含量数据。

附录二

水生动物的氨基酸组成

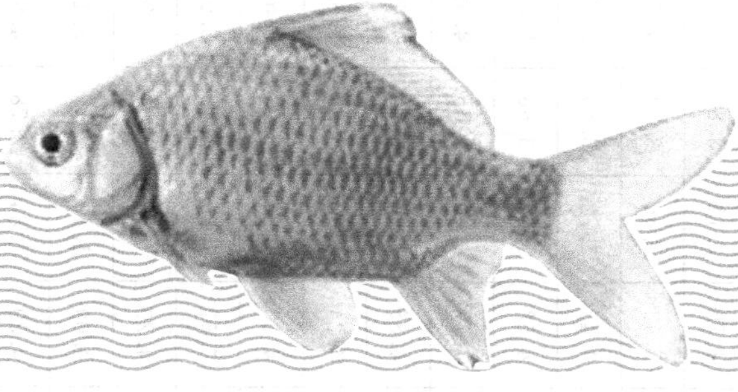

名称	干物质	粗蛋白/%	精氨酸/%	组氨酸/%	异亮氨酸/%	亮氨酸/%	赖氨酸/%	蛋氨酸/%	苯丙氨酸/%	苏氨酸/%	色氨酸/%	缬氨酸/%
青鱼（夏花）	风干	85.02	4.76	2.11	3.87	6.26	6.18	2.37	3.48	3.43		4.17
青鱼（1龄）	风干	85.27	5.43	1.66	3.49	4.56	6.70	1.45	3.00	2.78	0.80	3.61
青鱼（2龄）	风干	85.61	4.45	1.72	3.56	5.88	6.43	2.21	3.49	3.29		3.84
青鱼（成鱼）	风干	85.44	4.52	1.82	3.66	5.88	5.91	2.26	3.33	3.32		4.05
草鱼（夏花）	风干	76.44	4.77	1.58	3.55	4.48	5.06	1.09	3.46	3.22	0.85	3.41
草鱼（1龄）	风干	81.17	4.85	1.60	3.02	4.40	5.16	1.82	3.12	2.60	0.84	3.12
草鱼（2龄）	风干	81.70	4.24	1.32	3.29	5.35	5.14	2.07	3.05	3.08		3.69
草鱼（成鱼）	风干	82.27	4.33	1.96	2.93	5.56	5.30	1.62	2.53	3.25		3.62
鳊鱼（夏花）	风干	72.74	5.51	1.85	3.18	5.06	7.45	1.98	3.64	2.89	0.69	3.09
鳊鱼（1龄）	风干	79.38	4.20	1.29	3.04	5.36	5.99	1.82	3.29	3.04		3.58
鳊鱼（2龄）	风干	76.08	4.09	1.43		5.13	5.46	1.95	3.03	2.91		3.47
鳊鱼（成鱼）	风干	77.32	4.39	1.84	2.78	4.96	4.86	1.56	2.53	3.02		3.25
鲤鱼（夏花）	风干	69.31	4.34	1.96	2.82	5.09	4.95	1.34	2.57	3.25		3.28

续表

名称	干物质	粗蛋白/%	精氨酸/%	组氨酸/%	异亮氨酸/%	亮氨酸/%	赖氨酸/%	蛋氨酸/%	苯丙氨酸/%	苏氨酸/%	色氨酸/%	缬氨酸/%
鲤鱼（成鱼）	风干	65.35	3.34	1.95	2.80	4.81	4.79	1.75	2.46	2.55		3.02
建鲤	风干	70.15	4.22	1.98	3.37	5.56	5.64	2.16	2.83	3.04		3.64
元江鲤	风干	81.38	4.63	2.56	3.78	6.23	6.34	2.24	3.32	3.36		3.96
荷包红鲤	风干	61.42	3.53	1.79	2.79	4.74	4.21	1.55	2.56	2.59		2.98
鲫鱼	风干	74.61	3.73	2.32	2.52	4.31	5.19	1.94	2.51	3.00		3.19
白鲫	风干	64.02	2.21	1.29	2.73	4.74	4.77	1.73	2.50	2.47		3.47
鲢鱼	风干	63.53	3.48	1.29	2.73	4.74	4.76	1.72	2.56	2.48		2.86
鳜鱼	风干	74.23	3.54	1.46	2.81	4.12	5.27	1.85	2.58	2.62		3.00
罗非鱼	风干	61.59	2.05	1.25	2.68	3.94	4.99	1.35	2.35	1.66		3.04
银鱼	风干	83.61	4.61	2.72	2.97	5.93	7.98	2.74	3.10	3.57		3.45
青虾	风干	84.88	5.88	2.19	3.51	5.73	5.39	2.10	3.21	2.63		3.55
对虾	风干	83.07			3.07	6.14	6.02	2.24	3.23	3.31	0.83	4.02

附录三

常用饲料的饲料系数参考表

饲料名称	鱼类品种	饲料系数
豆饼	鲤鱼、草鱼、青鱼	3～3.5
菜籽饼	鲤鱼、草鱼、青鱼	4.5～5
花生饼	对虾	4
去壳棉籽饼	鲤鱼、草鱼	5～6
向日葵饼	鲤鱼、草鱼	5～6
大麦	鲤鱼、草鱼、青鱼	2～3
玉米	鲤鱼	4～6
麸皮	鲤鱼、罗非鱼、草鱼	4～5
米糠	鲤鱼、罗非鱼、草鱼	4～5
豆渣	鲤鱼、草鱼、鳊鱼	25
湿啤酒糟	鲤鱼	5～6
水草	草鱼、鳊鱼	60～100
旱草	草鱼、鳊鱼	40
浮萍	草鱼、鳊鱼	30～50
芜萍	草鱼、鳊鱼	40～50
槐叶萍	草鱼、鳊鱼	120～140
宿根黑麦	草鱼	22～25
苏丹草	草鱼	25～35
聚合草	草鱼	23～25
南瓜蔓	草鱼	30～35
螺蚬	青鱼	35～40
螺蚬	青鱼、鲤鱼	45～50
螺蚬	鲑鱼	44.6
河蚌	青鱼	60.0
鲜蚕蛹	青鱼	3.5～4.0
鲜蚕蛹	鲤鱼	5.0～5.5
干蚕蛹	鲤鱼、青鱼	1.5～2.0

续表

饲料名称	鱼类品种	饲料系数
血粉	鲤鱼	1.5
鱼粉	鲤鱼	1.5～2
蚯蚓	鲤鱼	5.0
贻贝	对虾	30～40
蛤	对虾	25～30

·REFERENCES·

参考文献

[1] 张久国，化东柱，孙宪海等．网箱养鲤配合饲料和投饲技术总结［J］．水利渔业，1999，19（5）：23-24.

[2] 刘源泉．标准化池塘主养鲤鱼高产高效试验［J］．渔业致富指南，2010，（13）：30-31.

[3] 黄恒章．浮水性配合饲料养殖黄颡鱼试验［J］．科学养鱼，2007，（2）：68.

[4] NY/T 130—1989. 饲料用大豆饼［S］.

[5] GB/T 19541—2004. 饲用大豆粕［S］.

[6] NY/T 129—1989. 饲料用棉籽饼［S］.

[7] NY/T 125—1989. 饲料用菜籽饼［S］.

[8] GB/T 23736—2009. 饲料用菜籽粕［S］.

[9] NY/T 132—1989. 饲料用花生饼［S］.

[10] NY/T 133—1989. 饲料用花生粕［S］.

[11] NY/T 128—1989. 饲料用向日葵仁饼［S］.

[12] NY/T 127—1989. 饲料用向日葵仁粕［S］.

[13] SC/T 3501—1996. 鱼粉［S］.

[14] GB/T 20193—2006. 饲料用骨粉及肉骨粉［S］.

[15] LS/T 3407—1994. 饲料用血粉［S］.

[16] QB/T 1940—1994. 饲料酵母［S］.

[17] 洪平．饲料原料要览［M］．北京：海洋出版社，1996.

[18] SC/T 3504—2006. 饲料用鱼油［S］.

[19] 易新文，张文兵，麦康森等．饲料中菜籽油替代鱼油对大黄鱼生长、肌肉脂肪酸组成和体色的影响［J］．水产学报，2013，（5）：751-760.

[20] 彭墨，徐玮，麦康森等．菜籽油替代鱼油对大菱鲆幼鱼生长、脂肪酸组成及脂

肪沉积的影响［J］. 动物营养学报，2015，(3)：756-765.
[21] GB 19112—2003. 米糠油［S］.
[22] 李复兴，李希沛. 配合饲料大全［M］. 青岛：青岛海洋大学出版社，1994.
[23] GB/T 6432—1994. 饲料中粗蛋白测定方法［S］.
[24] GB/T 6433—2006. 饲料中粗脂肪的测定［S］.
[25] GB/T 6434—2006. 饲料中粗纤维的含量测定·过滤法［S］.
[26] GB/T 6436—2002. 饲料中钙的测定［S］.
[27] GB/T 6437—2002. 饲料中总磷的测定·分光光度法［S］.
[28] GB/T 6438—2007. 饲料中粗灰分的测定［S］.
[29] 张玲，李清丽. 饲料中添加不同形式蛋氨酸对鲤鱼生长及免疫指标的影响［J］. 河南水产，2012，(2)：31-33.
[30] 李爱杰. 水产动物营养与饲料学［M］. 北京：中国农业出版社，1996：46-50.
[31] 杨国华，郭履骥，李军等. 鱼类营养和我国几种主要养殖对象的营养指标［J］. 动物学杂志，1983，(4)：51-55.
[32] 李爱杰. 水产动物营养与饲料学［M］. 北京：中国农业出版社，1996：146-147.
[33] 李爱杰，徐玮，孙鹤田等. 鲤鱼促生长剂的初步研究［J］. 中国粮油学报，1991，6(3)：61-65.
[34] 郭永军，邢克智，陈成勋等. 几种中草药对鲤鱼诱食效果的研究［J］. 天津农学院学报，2005，12(3)：1-5.
[35] Parker R. Probiotics, the Other Half of the Antibiotic Story［J］. Animal Nutrition and Health, 1974, 29(4): 8.
[36] 潘迎捷. 水产辞典［M］. 上海：上海辞书出版社，2007：284-353.
[37] 郝生凡，兰丽莉，李国锋. 青鱼生物学特点及养殖技术［J］. 黑龙江水产，2007，(1)：11，22.
[38] 沈文新，程晓. 草鱼生物学特点及池塘养殖技术［J］. 现代农业科技，2014，(19)：287，289.
[39] 雍文岳. 尼罗罗非鱼营养需要量［J］. 淡水渔业，1994，24(5)：22-24.
[40] 刘镜恪，郑澄伟. 鱼类对脂肪和糖类的需要［J］. 国外水产，1986，(3)：23-26.
[41] Conceição L. E. C., Grasdalen H., Rønnestad I.. Amino acid requirements of fish larvae and post-larvae: new tools and recent findings［J］. Aqua-

culture, 2003, 227 (1): 221-232.

[42] Halver JE. The protein and amino acid needs. Fish Nutrition [M]. New York: Academic Press, 1972: 105-143.

[43] SC/T 1026—2002. 鲤鱼配合饲料 [S].

[44] 刘汉华. 鲤鱼对蛋白质、氨基酸、糖、脂肪、无机混合盐适宜需要量的研究 [C]. 中国粮油学会, 1990: 112-116.

[45] Ogino C. Requirements of Carp and Rainbow Trout for Essential Amino Acids. [J]. Bulletin of the Japanese Society of Scientific Fisheries, 1980, 46 (2): 171-174.

[46] 伍代勇, 朱传忠, 杨健等. 饲料中不同蛋白质和脂肪水平对鲤鱼生长和饲料利用的影响 [J]. 中国饲料, 2011, (16): 31-35.

[47] 张銮光, 吕宪禹, 鲍建国等. 鲤、鲫肌肉水解氨基酸和游离氨基酸的初步研究 [J]. 水生生物学报, 1988, 12 (2): 182-185.

[48] 李爱杰, 徐玮, 孙鹤田等. 鲤鱼营养需要的研究 [J]. 水利渔业, 1999, 19 (5): 18-20.

[49] 罗刚. 鲤鱼体成分及氨基酸组成测定 [J]. 贵州畜牧兽医, 2004, 28 (4): 3-4.

[50] Dabrowski K. Further Study on Dry Diet Formulation for Common Carp Larvae [J]. Riv. Ital. Piscic. Ittiopatol, 1982, 17 (1): 0-29.

[51] 刘颖. 饲料蛋白水平及蛋白质量对彭泽鲫养殖全期生长的影响 [D]. 北京: 中国农业科学院, 2008.

[52] 何瑞国, 王玉莲, 王胜林等. 不同营养水平对彭泽鲫春片鱼种生长影响的研究 [J]. 淡水渔业, 1999, 29 (6): 3-6.

[53] 钱雪桥. 长吻鮠和异育银鲫幼鱼饲料蛋白需求的比较营养能量学研究 [D]. 上海: 中国科学院中国水生生物研究所, 2001.

[54] 龙勇, 李芹, 罗莉等. 饲料蛋白水平对异育银鲫雌性性腺发育的影响 [J]. 水生生物学报, 2008, 32 (4): 551-557.

[55] SC/T 1076—2004. 鲫鱼配合饲料 [S].

[56] 周贤君. 异育银鲫对晶体赖氨酸和蛋氨酸的利用及需求量研究 [D]. 武汉: 华中农业大学, 2005.

[57] 汪益峰. 饵料中氨基酸平衡和外源酶对异育银鲫氮磷排放的影响 [D]. 扬州: 扬州大学, 2009.

[58] 李桂梅, 解绶启, 雷武等. 异育银鲫幼鱼对饲料中缬氨酸需求量的研究 [J].

水生生物学报，2010，34（6）：1157-1165.

[59] 马志英，朱晓鸣，解绶启等．异育银鲫幼鱼对饲料苯丙氨酸需求的研究［J］．水生生物学报，2010，34（5）：1012-1021.

[60] SC/T 1024—2002．草鱼配合饲料［S］.

[61] Dabrowski K. Protein Requirements of Grass Carp Fry （ctenopharyngodon Idella Val.）［J］. Aquaculture，1977，12（1）：63-73.

[62] 廖朝兴，黄忠志．草鱼种在不同生长阶段对饲料蛋白质需要的研究［J］．淡水渔业，1987，（1）：1-5.

[63] 林鼎，毛永庆，蔡发盛．鲩鱼 Ctenopharyngodon idellus 鱼种生长阶段蛋白质最适需要量的研究［J］．水生生物学集刊，1980，7（2）：207-212.

[64] 王胜．草鱼幼鱼对蛋白质和主要必需氨基酸需求的研究［D］．广州：中山大学，2006.

[65] 李彬，梁旭方，刘立维等．饲料蛋白水平对大规格草鱼生长，饲料利用和氮代谢相关酶活性的影响［J］．水生生物学报，2014，38（2）：233-240.

[66] 文华，高文，罗莉等．草鱼幼鱼的饲料苏氨酸需要量［J］．中国水产科学，2009，16（2）：238-247.

[67] 尚晓迪，罗莉，文华等．草鱼幼鱼对异亮氨酸的需要量［J］．水产学报，2009，33（5）：813-822.

[68] 罗莉，王亚哥，李芹等．草鱼幼鱼对缬氨酸需要量的研究（英文）［J］．动物营养学报，2010，22（3）：616-624.

[69] 廖朝兴．草鱼饲料营养成分适宜值的分析［J］．淡水渔业，1996，26（4）：3-5.

[70] 李爱杰．水产动物营养与饲料学［M］．北京：中国农业出版社，1996：21.

[71] 林鼎，毛永庆，刘永坚等．鱼虾营养研究进展［D］．广州：中山大学，1995.

[72] 杨国华，李军，郭履骥等．夏花青鱼饵料中的最适蛋白质含量［J］．水产学报，1981，5（1）：49-55.

[73] 王道尊，宋天复，杜汉斌等．饲料中蛋白质和糖的含量对青鱼鱼种生长的影响［J］．水产学报，1984，8（1）：9-17.

[74] SC/T 1073—2004．青鱼配合饲料［S］.

[75] 冷向军，王道尊．青鱼的营养与饲料配制技术［J］．上海水产大学学报，2003，12（3）：265-270.

[76] 胡国成，李思发，何学军等．不同饲料蛋白质水平对吉富品系尼罗罗非鱼幼鱼生长和鱼体组成的影响［J］．饲料工业，2006，27（6）：24-27.

[77] 杨弘，徐起群，乐贻荣等．饲料蛋白质水平对尼罗罗非鱼幼鱼生长性能、体组成、血液学指标和肝脏非特异性免疫指标的影响［J］．动物营养学报，2012，24（12）：2384-2392.

[78] SC/T1025—2004. 罗非鱼配合饲料［S］.

[79] 秦培文，李瑞伟，王辉等．四种罗非鱼肌肉氨基酸组成及营养价值评定［J］．食品研究与开发，2010，31（2）：173-176.

[80] 杨青松，庄东锋．尼罗罗非鱼的生长与饲料中氨基酸含量的关系［J］．福建水产，1985，（4）：18-27.

[81] 金胜洁，刘永坚，田丽霞等．不同蛋白水平下添加晶体氨基酸对罗非鱼生长和饲料利用的影响［J］．水产学报，2010，123（31）：1429-1438.

[82] Santiago CB，Lovell RT. Amino Acid Requirements for Growth of Nile Tilapia.［J］. The Journal of Nutrition，1988，118（12）：1540-1546.

[83] 邹志清，苑福熙，陈双喜．团头鲂饲料中最适蛋白质含量［J］．淡水渔业，1987，（3）：21-24.

[84] SC/T 1074—2004. 团头鲂配合饲料［S］.

[85] 陆茂英，石文雷，刘梅珍等．团头鲂对饲料中五种必需氨基酸的需要量［J］．水产学报，1992，16（1）：40-48.

[86] 颜法文．谈谈虹鳟鱼的饲料［J］．北京水产，1992，（1）：31-32.

[87] Kirchner S，Kaushik S，Panserat S. Effect of Partial Substitution of Dietary Protein By a Single Gluconeogenic Dispensable Amino Acid on Hepatic Glucose Metabolism in Rainbow Trout（oncorhynchus Mykiss）［J］. Comparative Biochemistry and Physiology Part A：Molecular & Integrative Physiology，2003，134（2）：337-347.

[88] 付锦锋．赖氨酸和蛋白水平对虹鳟生长、氨氮和磷排放的影响［J］．饲料研究，2012，（2）：4-6，10.

[89] SC/T 1030. 7—1999. 虹鳟养殖技术规范·配合颗粒饲料［S］.

[90] Takeuchi T，Watanabe T，Ogino C. Availability of Carbohydrate and Lipid as Dietary Energy Sources for Carp［J］. Bulletin of the Japanese Society of Scientific Fisheries（japan），1979，45（8）.

[91] 陈勇，周景祥．肉毒碱对不同蛋白质水平饲料脂肪消化率的影响［J］．北华大学学报：自然科学版，2002，3（4）：344-345.

[92] NRC1993. Nutrient Requirements of Fish［S］.

[93] 王爱民，吕富，杨文平等．饲料脂肪水平对异育银鲫生长性能，体脂沉积，肌

肉成分及消化酶活性的影响［J］. 动物营养学报，2010，22（3）：625-633.

［94］ Pei Z，Xie S，Lei W， et al. Comparative Study on the Effect of Dietary Lipid Level on Growth and Feed Utilization for Gibel Carp （carassius Auratus Gibelio） and Chinese Longsnout Catfish （leiocassis Longirostris Günther）［J］. Aquaculture Nutrition， 2004，10（4）： 209-216.

［95］ 胡雪锋，李国富，吴江等．饲料中脂肪和蛋白质间的替代作用对鲫鱼的影响［J］. 安徽农业科学，2009，37（24）：11576-11578.

［96］ 王立新，周继术，王涛等．L-肉碱对鲫鱼生长和肌肉营养成分的影响［J］. 淡水渔业，2005，35（5）：19-21.

［97］ 王煜恒，王爱民，刘文斌等．不同脂肪源对异育银鲫鱼种生长、消化率及体成分的影响［J］. 水产学报，2010，34（9）：1439-1446.

［98］ Chen J，Zhu X，Han D， et al. Effect of Dietary N-3 Hufa on Growth Performance and Tissue Fatty Acid Composition of Gibel Carp Carassius Auratus Gibelio［J］. Aquaculture Nutrition， 2011， 17（2）： 476-485.

［99］ 雍文岳，黄忠志，廖朝兴等．饲料中脂肪含量对草鱼生长的影响［J］. 淡水渔业， 2005， （6）： 11-14.

［100］ 轩子群，潘晓玲，张延华等．草鱼种对蛋白质、糖类、脂肪、混合无机盐及氨基酸的适宜需要量研究［J］. 长江大学学报自然科学版：农学卷，2012，9（1）：24-30.

［101］ 毛永庆，蔡发盛，林鼎．草鱼对蛋白质、糖、脂肪、无机混合盐和纤维素日需要量的研究［C］：鱼类学论文集（第四辑）. 北京：科学出版社，1985：81-92.

［102］ 曹俊明，刘永坚，梁桂英．鱼虾4号对提高草鱼饲料蛋白利用率及组织营养成分组成的影响［J］. 中国饲料，1997，（19）：30-31.

［103］ 曹俊明，田丽霞，陈竹等．饲料中不同脂肪酸对草鱼生长和组织营养成分组成的影响［J］. 华南理工大学学报：自然科学版，1996，12（9）：149-154.

［104］ Takeuchi T，Watanabe K，Yong W， et al. Essential Fatty Acids of Grass Carp Ctenopharyngodon Idella［J］. Nippon Suisan Gakkaishi， 1991， 57（3）： 467-473.

［105］ 王道尊，龚希章，刘玉芳．饲料中脂肪的含量对青鱼鱼种生长的影响［J］. 水产学报， 1987， 11（1）： 23-28.

［106］ 王道尊，丁磊，赵德福．必需脂肪酸对青鱼生长影响的初步观察［J］. 水产科技情报，1986，（2）：4-6.

[107] 庞思成．饲料中脂肪含量对罗非鱼生长的影响［J］．饲料研究，1994，(12)：10-11.

[108] 王爱民，韩光明，封功能等．饲料脂肪水平对吉富罗非鱼生产性能，营养物质消化及血液生化指标的影响［J］．水生生物学报，2011，35 (1)：80-87.

[109] 石桂城，董晓慧，陈刚等．饲料脂肪水平对吉富罗非鱼生长性能及其在低温应激下血清生化指标和肝脏脂肪酸组成的影响［J］．动物营养学报，2012，24 (11)：2154-2164.

[110] 杜震宇，刘永坚，田丽霞等．添加不同构型肉碱对于罗非鱼生长和鱼体营养成分组成的影响［J］．水产学报，2002，26 (3)：259-264.

[111] Chou B, Shiau S. Optimal Dietary Lipid Level for Growth of Juvenile Hybrid Tilapia, Oreochromis Niloticus X Oreochromis Aureus [J]. Aquaculture, 1996, 143 (2): 185-195.

[112] Kanazawa A, Teshima S, Sakamoto M, et al. Requirements of Tilapia Zillii for Essential Fatty Acids [J]. Bull. Jpn. Soc. Sci. Fish, 1980, 46 (11): 1353-1356.

[113] 刘梅珍，石文雷，朱晨炜等．饲料中脂肪的含量对团头鲂鱼种生长的影响［J］．水产学报，1992，16 (4)：330-336.

[114] 高艳玲．不同脂肪源和复合肉碱对团头鲂生长、部分生理机能及体组织脂肪酸组成的影响［D］．苏州：苏州大学，2009.

[115] 姚林杰，叶元土，蔡春芳等．团头鲂幼鱼饲料中α-亚麻酸，亚油酸的适宜含量［J］．动物营养学报，2015，27 (3)：766-774.

[116] 刘玮，戴年华，任本根等．不同脂肪源饲料对团头鲂稚鱼生长的影响［J］．水产学报，1997，21 (1)：44-48.

[117] Castell J, Sinnhuber R, Wales J, et al. Essential Fatty Acids in the Diet of Rainbow Trout (salmo Gairdneri): Growth, Feed Conversion and Some Gross Deficiency Symptoms. [J]. Journal of Nutrition, 1972, 102 (1): 77-85.

[118] Watanabe T, Ogino C, Koshiishi Y, et al. Requirement of Rainbow Trout for Essential Fatty Acids. [J]. Bulletin of the Japanese Society of Scientific Fisheries, 1974, (5): 493-499.

[119] Takeuchi T, Watanabe T, Ogino C. Optimum Ratio of Dietary Energy to Protein for Carp. [J]. Bulletin of the Japanese Society of Scientific Fisheries, 1979, 45: 983-987.

[120] 荻野珍吉，陈国铭，黄小秋译．鱼类的营养与饲料［M］．北京：海洋出版社， 1987.

[121] 刘汉华，李爱杰．锂鱼对蛋白质、氨基酸、糖类、脂肪、混合无机盐适宜需要量的研究［J］．齐鲁渔业，1991，（6）：9-13.

[122] 吴遵霖．我国鲤配合饲料营养标准及质量控制［J］．水利渔业，1992，（1）：26-30.

[123] 赵振伦，赵玉蓉，杨沁芳等．鱼用复合动物蛋白粉的研制及其应用［J］．南京农业大学学报，1999，22（1）：58-64.

[124] 曾训江，刘素文，徐旭阳．湘鲫的营养需要及配合饲料的研究综合报告［J］．湖南水产，1991，（2）：13-14.

[125] 蔡春芳，陈立侨，叶元土等．饲料糖对彭泽鲫生长和生理机能的影响［J］．水生生物学报，2010，34（1）：170-176.

[126] 王芬，谭青松，解绶启等．异育银鲫口服不同剂量淀粉后血糖和血脂代谢变化［J］．水生生物学报，2008，32（4）：608-614.

[127] 裴之华，解绶启，雷武等．长吻和异育银鲫对玉米淀粉利用差异的比较研究［J］．水生生物学报，2005，29（3）：239-246.

[128] 刘建康，何碧梧．中国淡水鱼类养殖学［M］．北京：科学出版社，1992.

[129] 田丽霞，刘永坚．不同种类淀粉对草鱼生长，肠系膜脂肪沉积和鱼体组成的影响［J］．水产学报，2002，26（3）：247-251.

[130] 黄忠志，廖朝兴，曹经晔．饲料配方中纤维素含量对草鱼生长及饲料利用的影响［J］．淡水渔业，2005，（6）：1-4.

[131] 周文玉．青鱼配合饲料中碳水化合物适宜含量研究［C］//中国科协学会工作部．饲料科技发新途径——全国畜牧水产饲料开发利用科技交流论文集（水产部分）．北京，1988：118-122.

[132] 廖朝兴，黄忠志，雍文岳等．饲料中纤维素含量对尼罗罗非鱼生长及饲料利用的影响［J］．淡水渔业，1985，（3）：5-7.

[133] 杨国华，戴祥庆，顾道良．团头鲂的营养、饲料配方和高产养殖技术［J］．饲料工业，1989，（1）：2.

[134] 郭履骥，顾道良，杨国华等．经济的配合饵料饲养草鱼和团头鲂的试验［J］．水产科技情报，2005，（4）：20-22.

[135] Krogdahl Å，Sundby A，Olli JJ. Atlantic Salmon （salmo Salar） and Rainbow Trout （oncorhynchus Mykiss） Digest and Metabolize Nutrients Differently. Effects of Water Salinity and Dietary Starch Level［J］. Aqua-

culture, 2004, 229 (1): 335-360.
[136] 方之平，潘黔生．彭泽鲫鱼种配合饲料的初步研究 [J]．水利渔业，1998，(4)：1-3.
[137] 程镇燕，陈成勋，孙学亮等．饲料中不同蛋能比对黄金鲫幼鱼生长和体组成的影响 [J]．饲料工业，2013，34 (18)：16-20.
[138] 蒋湘辉，刘刚，金广海等．饲料蛋白质和能量水平对草鱼幼鱼生长和消化酶活性的影响 [J]．水产学杂志，2013，26 (3)：34-37.
[139] 高攀，蒋明，文华等．不同蛋白能量比饲料对草鱼幼鱼消化酶活性的影响 [J]．淡水渔业，2009，39 (6)：54-58.
[140] 戴祥庆，杨国华，李军．青鱼饲料最适能量蛋白比的研究 [J]．水产学报，2005，12 (1)：35-41.
[141] 王道尊，梅志平，潘兆龙．青鱼配合饲料中可消化能需要量的研究 [J]．水产科技情报，1992，19 (2)：38-42.
[142] 彭爱明．罗非鱼的营养需求 [J]．中国饲料，1996，(21)：25-28.
[143] 蒋阳阳，李向飞，刘文斌等．不同蛋白质和脂肪水平对1龄团头鲂生长性能和体组成的影响 [J]．水生生物学报，2012，36 (5)：826-836.
[144] 姚林杰．团头鲂 (Megalobrama amblycephala) 三个生长阶段适宜蛋白/脂肪 (蛋白/能量) 比和脂肪需要量的研究 [D]．苏州：苏州大学，2013.
[145] Yigit M, Yardim Ö, Koshio S. The Protein Sparing Effects of High Lipid Levels in Diets for Rainbow Trout (oncorhynchus Mykiss, W. 1792) with Special Reference to Reduction of Total Nitrogen Excretion [J]. The Israeli Journal of Aquaculture - Bamidgeh, 2002, 54 (2): 79-88.
[146] 林仕梅，曹端，叶元土等．异育银鲫对四种维生素需要量的研究 [J]．动物营养学报，2003，15 (3)：43-47.
[147] 王锦林．异育银鲫对维生素 B_2、维生素 B_6 和烟酸的需求量的研究 [D]．武汉：中国科学院研究生院 (水生生物研究所)，2007.
[148] 莫伟仁，徐文彦，雷建民．氯化胆碱饲养异育银鲫效果 [J]．中国饲料，1996，8：22-23.
[149] 宋学宏，蔡春芳．用生长和非特异性免疫力评定异育银鲫维生素 C 需要量 [J]．水产学报，2002，26 (4)：351-356.
[150] 王道尊，冷向军．异育银鲫对维生素 C 需要量的研究 [J]．上海水产大学学报，1996，5 (4)：240-245.
[151] 廖朝兴，雍文岳．草鱼配合饲料营养参数及配制技术 [J]．淡水渔业，

1997，27（1）：31-33.
[152] 李爱杰．水产动物营养与饲料［M］．北京：中国农业出版社，1996：55.
[153] 迟淑艳，周歧存，杨奇慧等．罗非鱼营养研究进展［J］．饲料研究，2004，（9）：9-14.
[154] 余伟明．罗非鱼的营养与饲料［J］．科学养鱼，2002，4（4）：44-45.
[155] 万金娟，刘波，戈贤平等．日粮中不同水平维生素 C 对团头鲂幼鱼免疫力的影响［J］．水生生物学报，2014，38（1）：10-18.
[156] 王敏，蒋广震，刘文斌等．团头鲂幼鱼对不同浓度胆碱的利用率及 7 种常见饲料原料中胆碱生物学效价的评定［J］．水生生物学报，2014，38（1）：51-57.
[157] 周明，刘波，戈贤平等．饲料维生素 E 添加水平对团头鲂生长性能及血液和肌肉理化指标的影响［J］．动物营养学报，2013，25（7）：1488-1496.
[158] Halver JE. Fish Nutrition［M］. New York: Academic Press, 1989.
[159] 萧培珍．日粮铁，锌补充量对异育银鲫生长、生理机能及器官中微量元素含量的影响［D］．苏州：苏州大学，2008.
[160] 袁建明，叶元土，陈佳毅等．饲料中添加不同浓度的 Cu 对异育银鲫部分生理机能的影响［J］．饲料工业，2008，29（6）：28-31.
[161] 郭建林，叶元土，蔡春芳等．日粮中添加 Fe、Cu、Mn、Zn 对异育银鲫生长及其形体的影响［J］．江苏农业学报，2009，25（1）：154-159.
[162] 朱春峰．有机硒和无机硒对异育银鲫生长、生理的影响［D］．苏州：苏州大学，2009.
[163] 黄耀桐，刘永坚．草鱼种无机盐需要量之研究［J］．水生生物学报，1989，13（2）：134-150.
[164] 石文雷，刘梅珍，陆茂英等．团头鲂对几种主要无机盐需要量的研究［J］．水产学报，1997，21（4）：458-461.
[165] 朱雅珠，杨国华．团头鲂鱼种对微量元素需要的研究［C］//中国水产学会．第二届全国水产青年学术研讨会论文集．北京：中国农业出版社，1997.
[166] 刘汉超．团头鲂（Megalobrama amblycephala）Fe、Cu、Zn、P 需要量的研究［D］．苏州：苏州大学，2014.
[167] 董娇娇．日粮中添加 Mn、Mg 对团头鲂生长、体形及鱼体铁、铜、锰、锌含量的影响［D］．苏州：苏州大学，2014.
[168] 沈志刚．黄颡鱼蛋白质需求及饲料配方［J］．齐鲁渔业，2010，27（4）：38-40.

[169] 黄星，胡云华，兰建友等．饲料中添加糖代谢调节因子对欧洲鳗鲡生长的影响［J］．饲料广角，2007，(9)：45-47.
[170] 陈度煌．四种鱼粉替代物对欧洲鳗鲡生长性能的影响［J］．福建水产，2010，(1)：98-101.
[171] 姚清华，林香信，颜孙安等．羽毛肽粉对日本鳗鲡饲料氨基酸平衡的影响［J］．饲料工业，2013，34(18)：42-45.
[172] 杨雨虹，刘行彪，黄可等．植酸酶对斑点叉尾生长性能、营养物质表观消化率及氮、磷排泄的影响［J］．动物营养学报，2011，23(12)：2149-2156.
[173] 唐威．不同脂肪源在斑点叉尾鮰饲料中应用的研究［D］．湖南：湖南农业大学，2010.
[174] 仇明，王爱民，封功能等．枯草芽孢杆菌对斑点叉尾鮰生长性能及肌肉营养成分影响［J］．粮食与饲料工业，2010，(7)：46-49.
[175] 丁德明．斑点叉尾鮰成鱼养殖技术［J］．内陆水产，2005，30(4)：12-13.
[176] 张家国．水产动物饲料配方与配制技术［M］．北京：中国农业出版社，1999.
[177] 沈文新，程晓．草鱼生物学特点及池塘养殖技术［J］．现代农业科技，2014(19)：287，289.

化学工业出版社同类优秀图书推荐

ISBN	书　名	定价(元)
26873	龟鳖营养需求与饲料配制技术	35
26429	河蟹营养需求与饲料配制技术	29.8
25846	冷水鱼营养需求与饲料配制技术	28
21171	小龙虾高效养殖与疾病防治技术	25
20094	龟鳖高效养殖与疾病防治技术	29.8
21490	淡水鱼高效养殖与疾病防治技术	29
20699	南美白对虾高效养殖与疾病防治技术	25
21172	鳜鱼高效养殖与疾病防治技术	25
20849	河蟹高效养殖与疾病防治技术	29.8
20398	泥鳅高效养殖与疾病防治技术	20
20149	黄鳝高效养殖与疾病防治技术	29.8
22152	黄鳝标准化生态养殖技术	29
22285	泥鳅标准化生态养殖技术	29
22144	小龙虾标准化生态养殖技术	29
22148	对虾标准化生态养殖技术	29
22186	河蟹标准化生态养殖技术	29
00216A	水产养殖致富宝典(套装共8册)	213.4
20397	水产食品加工技术	35
19047	水产生态养殖技术大全	30

续表

ISBN	书　名	定价（元）
18240	常见淡水鱼疾病看图防治	35
18389	观赏鱼疾病看图防治	35
18413	黄鳝泥鳅疾病看图防治	29

邮购地址：北京市东城区青年湖南街13号　化学工业出版社（100011）

服务电话：010-64518888/8800（销售中心）

如要出版新著，请与编辑联系。

编辑联系电话：010-64519829，E-mail：qiyanp@126.com。

如需更多图书信息，请登录 www.cip.com.cn。